底线思维

人无底线品堪虞，事无底线陷危局

俞 兰 ◎ 著

中国经济出版社
CHINA ECONOMIC PUBLISHING HOUSE

图书在版编目（CIP）数据

底线思维 / 俞兰著. -- 北京：中国经济出版社，2023.10

ISBN 978-7-5136-7434-8

Ⅰ.①底… Ⅱ.①俞… Ⅲ.①成功心理—通俗读物 Ⅳ.①B848.4-49

中国国家版本馆CIP数据核字（2023）第158842号

责任编辑	张梦初
责任印制	马小宾
封面设计	于德梅

出版发行	中国经济出版社
印 刷 者	三河市宏顺兴印刷有限公司
经 销 者	各地新华书店
开 本	880mm×1230mm 1/32
印 张	6
字 数	120千字
版 次	2023年10月第1版
印 次	2023年10月第1次
定 价	48.00元

广告经营许可证　京西工商广字第8179号

中国经济出版社 网址 www.economyph.com 社址 北京市东城区安定门外大街58号 邮编100011
本版图书如存在印装质量问题，请与本社销售中心联系调换（联系电话：010-57512564）

版权所有　盗版必究（举报电话：010-57512600）
国家版权局反盗版举报中心（举报电话：12390）　　服务热线：010-57512564

序言 / 你的底线，决定你的拥有

在生活与工作中，经常听到"大不了""最坏也就这样"之类的话，这既是对待不确定性或是风险的一种态度，也体现了一种边界思维，即底线思维。

"底线"是一个人们耳熟能详的词。它是社会事物保持其现有质态的"度"的下限，一旦突破这个"下限"或"临界点"，社会事物就会陷入更低一个层次的质态，甚至陷入不堪设想的可怕境地。底线之所以不可逾越，是因为它是向坏的、低层次的质态蜕变的临界点。

简单来说，底线就是标准、原则、规矩，就是红线、底牌，是事物发生质变的临界点。突破底线，意味着越界，这个"界限"可以是明文规定的法律法规、职业规范，也可以是隐形的伦理道德界限。无论个人，还是团体，都必须有底线意识，都必须秉持底线思维做事。

一定程度上，一个人的底线代表了他的价值和追求，决定了他的行为和选择，也影响了他的生活和人际关系。如果一个人的底线较低，就容易做出一些不道德或错误的行为，也容易被他人所利用或伤害。比如，一些公司在追求利益时突破法律底线，制造假冒伪劣产品、侵犯他人权益。这样的行为不仅会影响到他人的健康和安全，也会损害公司的声誉。

底线思维就是以底线为立足点向上寻求发展的一种思维。它不是一种消极、被动、只作防范的思维方式，而是一种积极主动的思维。古今中外，人们都非常重视底线思维。古人云："凡事预则立，不预则废。"《增广贤文》中说："君子爱财，取之有道。"华为总裁任正非说："做人要厚道，做事要严谨，要有底线思维，这是成功的关键。""资本大鳄"巴菲特说："没有底线的人，就像没有根的树，没有底线的人生，就像没有舵的船。"

很多人缺乏底线思维，看问题只看好的一面，而看不到问题背后的隐忧，对困难估计不足、对风险预测不够，只有在遭遇阻碍时才幡然醒悟，才知亡羊补牢，可是往往悔之晚矣。

事实一再告诉我们，秉持底线思维为人处世，才会让我们的生活多了依靠和保障，才会有备无患、遇事不慌，最大程度把握住人生主动权，才有可能进入"从心所欲不逾矩"的人生境界，达观从容地朝着既定目标进发。

在如今频繁变化的社会，每个人都要面对诸多不确定性，要守护和创造幸福美好的生活，必须要培养和提升自己的底线思维能力，才能更好地应对风险和危机，更好地拥抱未来。

目 录
CONTENTS

上篇　思维的底线：有底线的思维才是好思维

第一章 | 底线思维是为人处世的原则性思维

心中有尺，脚下有路 004
有分寸就是有底线 007
底线是人品的底色 011
底线是人生的保护线 016

第二章 | 底线思维是由下而上的基础性思维

守住底线，方能到得顶点 020
消除"限制性观念" 024
底线，在"短"不在"长" 028
设定最低目标，争取最大期望值 031

第三章 | 底线思维是预设红线的前瞻性思维

图之于未萌，虑之于未有 036
预设底线的思维路径 040
跳出思维"舒适区"，看到问题和隐忧 044

第四章 | 底线思维是融入社会的防范性思维

未行军先行败路：底线是人生的最后一道防线 050

以底线思维化解风险 054

用底线思维应对概率风险 058

第五章 | 底线思维是回旋腾挪的权变性思维

备豫不虞，为国常道 064

坚守，是为了更好地进取 069

用多元化思维做事 073

因人因事灵活调整底线 076

第六章 | 底线思维是退无绝路的底牌性思维

"差不多"其实是差很多 080

守底线，不是降低标准 083

守住了底线，就守住了根基 086

在实践中控制底线、守好底线 089

下 篇 事有底线：善用"底线思维"解决问题

第七章 | 创业的底线思维——生存为要，团队第一

创业成功是小概率事件 098

守好带团队的能力底线 102

合伙，合的是规则 107

第八章 | 职场的底线思维——美美与共，和而不同

同事交往的三条红线 112

"刺猬效应"的启示：距离产生美 116

不挑战别人的立场 119

第九章 | 社交的底线思维——保持距离，不越界线

边界感不可或缺 124

有些人不要交，有些忙不要帮 128

你的善良要有锋芒 134

第十章 | 教育的底线思维——爱而不宠，带而不代

正面管教是最好的教子方式 140

训子千遍不如教子好习惯 145

不要掉入"过度教养"的陷阱 150

帮孩子建立底线思维 154

第十一章 | 投资的底线思维——先谈风险，再看收益

普通人理财，安全是底线 158

不要想着赚认知以外的钱 162

赚钱有"度"，不短视冒进 165

用底线思维配置家庭资产 169

第十二章 | 情感的底线思维——双向奔赴，追求平衡

保持自我，不失去独立性 174

要学会及时止损 177

警惕"登门槛效应" 181

上 篇

思维的底线：有底线的思维才是好思维

第一章

底线思维是为人处世的原则性思维

> 为人处世时一定要把握好各种"底线",做到"君子有所为,有所不为"。违背做人原则和损害他人权益的事,无论诱惑多大,都不能去做。事有底线,方好做人。

| 底 | 线 | 思 | 维 |

心中有尺，脚下有路

古语云："出言有尺，嬉闹有度，做事有余，说话有德。"在现实生活中，懂得把握分寸、控制尺度的人，往往有更高的修养。在他们心中，始终有一把"尺子"，既量德行也量品格，既量别人也量自己，既量是非对错也量真假善恶。

有了这把"尺子"，他们的言行便有了规范，做人做事便有了底线——什么话可以说，什么话不能说，什么事可以做，什么事不能做，都可以拿捏好分寸，而不至于走弯路、走错路，甚至引火烧身。

比如，有人喜欢玩"梗"。当"梗"超越一定的尺度与底线时，便容易伤害他人的尊严。有一次，一位演员针对一些文化艺术家的性别与身份玩梗，结果引发了一场公众对其言论道德和侵犯他人个人尊严的抨击。

很多时候，我们脱口而出的一些话，随性而为的一些事，在自己看来再"正常"不过，但是换个角度看，它们可能已经"越界"，已经侵犯了别人。很多人都会犯这样的错误，事后却一脸的无辜："为什么会这样，我也不是故意的呀！"

要避免类似的问题给自己的人际关系、工作、生活带来不必要的麻烦，心中一定要有相应的"尺子"——用它来衡量自己、约束自己、要求自己。只有把握好做人办事的尺度，才能走好脚下的路。

在新闻报道中，经常看到一些"落马官员"的忏悔镜头。其实，他们中的很多人之前都兢兢业业、恪尽职守，但最后却误入歧途，自毁前程，就是因为他们没有把握好心中的"尺度"。没有时刻用心中的"尺度"去量人量己，做不到"见贤思齐，见不贤而内自省"，这才走歪了路。

再如，随着网络直播的盛行，一些网络主播为了获取流量毫无下限，不但扰乱了网络秩序，也时常触碰法律和道德底线。结果呢？要么被封杀，要么受到法律制裁。正所谓"矩不正，不可为方，规不正，不可为圆"。心中有"尺"有"度"，才能在顶峰相见。要攀登人生与事业的高峰，心中始终要有"尺"，否则，失去尺度，面临的可能就是万丈深渊。

人生须有尺，做人须有度。不论做什么事情，掌握尺度非常重要。通常，真正格局大的人，在做人办事方面往往能把握好二种尺度。

第一种：比较之尺

有道是"眼是一把尺，量人先量己"。如果以真善美为参照物来"测量"自己的话，那谦虚与骄傲、俭朴与奢侈、成功与失败、善恶与美丑、真实与虚假等，就一目了然了。有时，我们会不经意地去评价别人，甚至是批判别人，却忘了回头审视自己。

其实，每个人都有自己的缺点，每个人都需要一把"比较之尺"，在看到别人问题与缺点的同时，也要懂得内省。这样才能不高估自己，不低估别人，认清客观事实，理性看待问题，避免说过头的话，做过头的事。

当然了，如果别人很优秀，那就把他们作为参照，让自己的学习有了方向与标杆，日日精进，让自己变得越来越优秀，何乐而不为呢？

第二种尺：底线之尺

古语云："君子有所为，有所不为。"这里的"为"与"不为"

之间，就是原则，就是底线。行走世间，一定要有自己的底线，清楚什么可为，什么不可为。大千世界，难免会有各色各样的诱惑。有了底线，才有差别。

比如，有人习惯贪小便宜，总认为这不算什么大的错误，其实，这种观念是极其错误、极其有害的。生活中，那些小偷小摸的人，原本没有偷摸的习惯，就是因为控制不住自己贪图小便宜的心理，一次次突破自己的底线，直到产生偷盗的念头。最终，不但自毁前程，付出较大代价为自己行为买单，还伤害到了他人。

有一位学者说过，"一个人，没了底线，就什么都敢干；一个社会，没了底线，就什么都会发生。"人生之路，从来都不是康庄大道，总有九曲十八弯，让我们面临各种考验和挑战。只有做到心中有尺，过有底线的生活，做有分寸的事情，才不会迷失自我，才能行得更远，走得更稳。

有分寸就是有底线

《吕氏春秋》中有这么一句话:"全则必缺,极则必反,盈则必亏。"什么意思呢?简单来说就是,太过完美,就一定会出现缺陷,发展到极端一定会走向反面,太过满盈必定会发生亏失。它对我们做人办事的指导意义在于:凡事要掌握好分寸感,过犹不及。

这里的"分寸感",是我们站在自我的角度上,清醒地认知自己的身份和地位,懂得与他人交往、交流、维系关系的底线。平时,我们说一个人"不知深浅",不是说这个人的性格不好,或是不太合群,而是说他掌握不好说话办事的火候,总说过分的话,做过分的事,拿捏不好为人处世的分寸。

比如,有的人喜欢打听别人的隐私,即便是陌生人,没聊上几句,就会问对方"做什么工作的""一个月赚多少钱""你爸爸是干什么的"……其实,这就是一种典型的说话没有分寸的表现。生活中,像这样的例子不胜枚举。

实际上,生活中百分之九十九的烦恼都源于做人做事拿捏不好分寸。人生的大部分课题都与人际关系相关,而把握好做人做事的分寸,才能把握好人际关系。即便双方的关系再好,也要有分寸感。千万不要觉得双方已经很熟了,就可以随意开玩笑。每个人的底线不一样。你说一个胖子"胖",是调侃,你说人家"肥",多少有些侮辱的意味。你说哥儿们"笨蛋",是玩笑话,你说他"有点傻",就是对人不敬。私下里熟悉的朋友开玩笑的尺度可以很大,但是如果在场的人较多,随便开玩笑,可能就会伤到朋友的面子。总之,说话办事要有分寸，否则会让自己和他人很尴尬。

分寸拿捏不好，容易差之毫厘，谬以千里。比如，做人太过，容易招人厌烦；做事太刚，容易招惹是非；做事太忍，容易丧失原则，让人一次次越过底线。

人与人之间的相处，最难把握的就是"刚刚好"的分寸感，既不显得生分，也不显得过分。现实中，那些所谓"高情商"的人，其实都是能巧妙把握分寸感的人。

一个有分寸感的人，心中时常"装"着别人，说话会考虑对方的感受，不会熟不拘礼。让他们做事很放心，听他们说话很走心，这不只在于他们的聪明、勤奋，也在于他们对人性的洞察，他们懂得什么叫恰如其分，什么叫不偏不倚，什么叫见好就收。总之，他们懂得如何把握分寸，知道如何把事情控制在一个合理的范围内。

东汉末期，曹操身边有一位谋士，叫杨修，聪明过人。

曹操建了一座相府花园。有一次，他去查看花园的大门。看过后，他让人取来一支笔，在门上写了个"活"字，便转身离开了。在场的人面面相觑，不明所以。这时，杨修站了出来，解释说："门里添活，就是'阔'字。丞相是嫌门太招摇了！"

于是，工匠对园门进行了改造。曹操看后非常满意，在了解事情原委后，当着大家的面夸了杨修一番。

有一次，曹操带兵攻打汉中，一连吃了几次败仗。一天，曹操一边吃着鸡腿，一边思考"要继续进攻，还是后退"时，大将夏侯惇前来请示夜间口令，曹操随口说："鸡肋。"

杨修听到这个夜令后，便告诉随行军士："各自收拾，准备归程。"

部将们纷纷问起缘由，杨修说："鸡肋，食之无味，弃之可惜。丞相想班师回朝。"

曹操得知此事后，肺都快气炸了。他不容杨修辩解，便以"扰乱军心"之罪将其当众处死。

不可否认，杨修是个难得的人才，但是，他有一个不好的习惯，就是表现欲太强，做事喜欢出风头，经常耍一些毫无分寸感的"小聪明"，正是这个"毛病"让他丢了性命。

说话办事宁可藏拙，不可逾越。当进时则进，当退时则退，当显时则显，当藏时则藏。凡事过则损。《礼记·中庸》有云："君子素其位而行，不愿乎其外。"意思就是：君子就应当安于现在所处的位置，去做应做的事，不生非分之想，不越界。正所谓"不在其位不谋其政"也。

生活中，我们都喜欢和懂分寸的人交往。那么如何做一个有分寸感的人呢？关键要把握好两点：

第一点：知道事情的边界。

做任何事情，找到事情的边界是非常重要的，就像国家有国家的法规，公司有公司的规定一样。每个人做事的边界是不一样的，做事的边界就是做事的原则。别人做事的边界，你需要尝试才知道。你自己做事的边界，那就是你自己定的。"边界"可以帮助我们约束自己的想法，防止随心所欲。明确了边界之后，相当于为思想这匹"马"添加了一条缰绳，让它变得可控。

第二点：清楚对方的底线。

对方的底线就是你不能碰触的那条关系"高压线"。如果你不知道对方的底线，那么你就不知道如何发展你们之间的关系。沟通时，了解对方的底线，是为了让你更加清楚对方在想什么，从而有的放矢，不至于触犯对方的忌讳。否则，一再跨越对方的底线，踩踏对方的禁区，即便两个人关系再好，也会心生嫌隙，甚至是反目成仇。

  做人是做事的开始，做事是做人的反映。拿捏不好这两点的人，永远都是成功的"边缘人"。只有保持合适的分寸，才能保持人际关系的稳定和平衡，做到稳中有进，并在一分一寸中叠加起人生的高度。

底线是人品的底色

鉴别一个人人品好坏，究竟要看什么？答案虽然有很多，但归根结底都与其对原则与底线的坚守相关，正如一句话所说："贫，视其所不取，穷，视其所不为。"意思是：看一个人品行，要看他贫穷不得志的时候，坚持不做什么。由此可见，底线是人品的底色。

意大利著名作家卡尔维诺曾说，一旦你放弃了某种你原以为是根本的东西，你就会发现你还可以放弃其他东西，以后又有许多其他东西可以放弃。底线一旦被突破了一次，就很难再有底线了。不断突破底线，就是堕落的开始。由此，有些时候，稍一失足，便是人生的深渊。守住底线，其实就是守住了人品的底色。

2022年8月3日，新东方教育科技集团董事长俞敏洪在亚布力中国企业家论坛天津峰会上做了一场演讲。其中有一句话道出了他60岁逆风翻盘的底层密码，他说："做人也好，做事也好，一定要保存底线价值的思维。"

这句话有些抽象，怎么理解呢？他解释说："你千万不要做坑蒙拐骗的事情，不要做欺瞒老百姓的事情，不要做有失诚信的事情，更不要做毒害老百姓的事情。这样，即使你遇到困难，最后翻盘的时候，你也是有基础的。如果你原来做过坏事，或者你的企业原来是无价值底线的，吃了很恶心的各种各样的坑蒙拐骗的利益，等到你再重新想要发展的时候，老百姓把你的旧账翻出来，你就很可能没有任何翻盘的机会了。"

这段话非常精彩。人可以犯错误，但不能做亏心事。人活一辈子，人品才是最好的底牌，才是一个屹立不倒的靠山。人品好的人，信守承诺，说到做到，办事公道本分，能赢得他人的尊敬，会有更多人愿意相信他们，愿意与他们深交，给他们机会。长此以往，他们的人脉之树会日益枝繁叶茂，事业会越来越兴旺。

不可否认，作为商界的顶流，俞敏洪靠人品制胜。特别是在新东方教育科技集团旗下的"东方甄选"爆火之后，有些自媒体搜集了俞敏洪过去30年间在公开场合的讲话视频，并将它们全部放到了网上。网友们看过后都说，只是偶尔会听他说几句粗话，看不出有什么问题。即便有人想黑他，也找不到黑点，反倒是对他了解越多越喜欢他。

在过去的30多年里，俞敏洪一直坚守自己的底线价值观，真诚地为学生、家长，包括现在为东方甄选几千万的粉丝提供真实的服务。虽然在这个过程中也犯过一些错误，但是从不做亏心事。诚如俞敏洪所言，一个人可以犯错误，这是见识和能力问题，但做亏心事不行，那是心思"坏"了。能力不足可以补，心坏难治。这是俞敏洪的一种底线思维。

如今，很多人都在借助互联网、自媒体、短视频来打造个人IP，希望让自己火一把，从而实现流量变现。但是，真正能火起来的又有多少人呢？有的人一旦小有名气，上个热搜，就开始自我膨胀，不是炫富、攀比，就是发表一些奇谈怪论，抑或售卖一些假冒伪劣产品。结果很快就"出事"了。为什么？因为他突破了底线，人品底色不足。

有的人一夜之间火起来，会有不少人去"挖"他的过去，在什么学校读过书，做过什么工作，参与过哪些项目，有什么样的背景……只要这个人在某方面稍微有些瑕疵，都会被成百倍、成千倍地放大。所以说，人品相当重要，当人品有问题时，早晚会被网友扒出来，也早晚会"翻车"。

歌德说："无论你出身高贵或者低贱，都无关宏旨，但你必须有做人之道。"从这个角度上看，一个人真正的资本，不是出身，也不是美貌，更不是钱财，而在于做人的底线，底线是人品的底色，是生而为人的必要条件。一个人的底线，就是他的人格，一个人的底线在哪里，他的人格底色就在哪里。一个人做事有底线，才会有底气。人品好的人，都有不可动摇的底线。他们不会为了讨大家喜欢而一再放低自己的底线。

底线是一个人生存的"边界"，当你不断降低底线时，就是在不断缩小自我的领域。

那么我们该如何守好底线，为人品增色呢？关键要把握好三点：

1.顾及他人的安全与利益

《菜根谭》中说："不求非分之福，不贪无故之获。"我们要有一颗静心，不要有过多的奢求；要有一颗净心，即便自己的需要再迫切，"便宜"再唾手可得，也不要伸手去拿。不觊觎不属于自己的东西，这就是底线，就是人品的底色。

做任何事情不能只为自己着想。如果人人都只想着自己，而不顾及他人的安全与利益，那么这个社会的平衡将会被彻底打破。这个社会的根基也会变得腐朽，摇摇欲坠。只考虑自己的人，即使在当时会使自己获利，但是就其一生而言却是无法得到那种去付出的幸福，整个一生也是空洞而无意义的。

2.堂堂正正行事

在人际交往中，再穷再难也不能为了利益坑害他人，这是一个正直之人的道德底线。没底线的人，会因为利益而背弃亲友，甚至做一些伤天害理的事情。坑害朋友的人往往会害人害己，就如同寓言故事里讲的那样：

驴子与狐狸是对好伙伴。有一天，它们同行外出的途中遇到了老虎。狡猾的狐狸为了自保，就跑到老虎面前，说它可以帮老虎捉住驴子，只求老虎放了它。老虎答应了。于是狐狸便引诱驴子掉进了一个陷阱里，老虎见驴子已经是囊中之物，插翅难飞，便扭头扑向狐狸。

由此可见，算计朋友，其实也是在为自己挖坑。只有行事堂堂正正，才能受人尊重。

3. 坚守底线不动摇

所谓底线，简单来说，就是红线，过之则危险，守之则安全。在电影《教父》中，有这样一句台词："没有边界的心软，只会让对方得寸进尺；毫无原则的仁慈，只会让对方为所欲为。"在毛姆的长篇小说《月亮与六便士》中，斯特洛夫是一个可怜又可悲的人。他是一个不入流的小画家，没有一点脾气，甚至没有一点自尊。艺术家查尔斯经常嘲笑、羞辱他，但斯特洛夫不但没有怨恨，还崇拜他如偶像。当他发现查尔斯在出租屋中发烧，差点丧命时，第一时间将查尔斯接到家里，还让妻子帮忙照顾。但是，查尔斯并没有表示任何感激，反而得寸进尺，以"专心画画不宜打扰"为名，赶走了斯特洛夫，霸占了他的画室。

生而为人，我们都应该有自己做人的原则、行事的标准，都应该有不允许别人触碰的底线。如果一个人的善良没有锋芒，宽容没有底线，只会遭受恶人肆无忌惮的欺辱和伤害。

作家冯骥才说过一句话："一个人只有守住底线，才能获得成功的自我与成功的人生。"底线是不可逾越的红线、警戒线，就像江河的水线，当水有一定高度时，船才好行驶，人才好游泳，如果有一天水降到了水线以下，不论是船还是人，都会陷在烂泥里。

　　同时，底线也是为人做事最低的一道标准，是最起码要遵循的规则，是逾越之后需付出巨大代价的最后屏障。底线一旦失守，面对的都将是灾难。所以，无论做人还是做事，都要有自己的底线，而且要坚守底线不动摇。这样，才能保全自己，才能有机会展现自己的人格魅力，也才能为自己树立一个良好的口碑。

底线是人生的保护线

早在两千多年前,孟子在谈及人与动物的区别时,说了这么一段话:"人之所以异于禽兽者几希,庶民去之,君子存之。"意思是说,能将人与动物区别开来的东西,其实就那么一点点,坚守这一点(存之)就成为君子,而丢掉了这一点(去之)就和动物差不多。这个"几希"便是人禽相异的界线,坚守这个"几希",就是人之为人的底线。

做人之所以要有底线,一个核心的目的是更好地生存。人,是社会的存在物,任何人都不能脱离社会环境而独自活在这个世界上。只有大家都能生存,自己才能生存,只有大家都活得好,自己才能活得好。所以,我们心里要有是非善恶的标准,要在头脑中清晰地划出各种底线,并时刻提醒自己:不要触碰、踩踏、碾压或者违反。

当然,每个人对道德的要求和标准不一样,有高有低,标准迥异,但是做人做事,最基本的底线必须要有。通过立法程序明文规定下来的,是"法律底线";在社会生活中约定俗成,大家要共同遵守的,是"道德底线";每个行业需要坚守的原则,如商家不卖假货,会计不做假账,医生不开假药,是"行业底线"和"职业底线"。如果人人都能守住这些底线,那整个社会便拥有了一条美丽的水准线——文明。

据报道,在我国每年发生的交通事故中,90%以上都是行人或者司机违反交通规则这个"底线"所致。人生在世,经历无数,面对各种各样的诱惑和考验，如果没有底线这个戒律作保证，就很可能让自己的人生出位，甚至出大事。心存侥幸必然突破底线。只有人人守住底线，才能让社会保持平稳，同时也能成全自己。从这个角度上说，底线就是保护线。

如果没有底线意识，一再降低自己的底线，比如超市售卖腐败变质的食品，企业弄虚作假，学者指鹿为马，裁判大吹黑哨，官员贪赃枉法等，社会将会失去共同遵守的底线，世道人伦必定败坏，到时每个人都会深受其害。

梁毗是隋文帝时有名的廉吏。在梁毗刚当上西宁州刺史时，当地的一些富商为了拉拢讨好他，送给他大量金银珠宝，但是每次都被梁毗谢绝。开始，富商们以为梁毗在装模作样，便三番五次地进献。

有一次，梁毗干脆将金子放在一边，对着进献的人嚎啕大哭："这些金子饥不可食，寒不可衣，你们却执意要给我，这岂不是想害死我啊！"他一边哭着，一边再次将金子拒之门外。

这即是历史上有名的"拒贿哭金"的故事。那么是什么让梁毗在诱惑面前保持了清醒的头脑？简单说，就是"底线思维"。梁毗深知世上没有免费的午餐，今天收了人家的钱财，人家必然要从你这里获取好处，这就迫使自己用手中的权力做一些违法乱纪的事情，说不定哪天就会因此掉了脑袋。因此，不收贿是他做官的一条底线，守住这条底线，可以避免很多祸患。

和梁毗"拒贿哭金"一样，公孙仪嗜鱼但拒鱼的故事，也一直是千古美谈。《韩非子·外储说右下》中记载了这么一个故事：

春秋时期，公孙仪任鲁国宰相。公孙仪非常喜爱吃鱼，许多人都抢着买鱼送他，公孙仪却不肯接受。他的弟子问他："您这么喜欢吃鱼，却不肯接受别人的馈赠，这是为什么呢？"公孙仪说："正因为我爱吃鱼，所以才不肯接受。如果我接受别人送的鱼，那在他们面前难免会低声下气，并有可能做一些违法的事，而违法就会被免除相位。相位不保的话，谁又会给你送鱼吃？谢绝别人送的鱼，不致被免除相位，又能长久自给自足，岂不是很好嘛。"

在这个故事中，公孙仪有着清晰的底线思维，深知个人好恶与事业兴衰成败之间的关系，并始终做到抵御诱惑，慎其所好。

时过境迁，这些故事依然对我们的生活、工作有着重大的启发意义——做人做事一定要讲原则，有底线，这既是一种风险防范，更是一种自我保护。如果我们缺少底线思维，做事心存侥幸，认为破一两次底线不会怎么样，慢慢地就会失去防范意识，由此丧失做人的原则，坏了自己的名声，甚至会步入歧途。

人活于世，底线就像是人生的保护线，是一个人安身立命之本，它擦亮了我们被利益蒙蔽的双眼，把我们和那些高风险的危险事物分隔开来。如果无原则地追求名利、追求自我，就容易丧失底线，最终必将自食其果。

第二章

底线思维是由下而上的基础性思维

底线思维不是一种故步自封的思维,"守住底线"只是底线思维的起点,其目标是由下而上向高处进军。正所谓"守住底线,方能到得顶点"。虽然顶峰风光无限,但是也只有守好底线,由下而上,才能到得顶峰。

守住底线，方能到得顶点

一个人没了底线，就失去了做人的原则。一个社会没了底线，规则就形同虚设，如此，世界的平衡就会被打破，就会发生各种动乱。

人活一辈子，要靠什么立于不败之地，或飞黄腾达呢？要靠底线思维。底线思维是一种基础性思维，一个人只有守住底线，由下而上，才能获得成功的自我与成功的人生。古人云："知止而后有定，定而后能静，静而后能安，安而后能虑，虑而后能得。"这里的"知止"就是一种底线思维。底线不是低线，在守住底线的同时要不断向高处努力，才能掌握做事的主动权，也才能获得大的成功。

底线思维最大的对立统一，就是"底"与"顶"的有机结合，没有"守底"就难达其"顶"。底线和高线是一对辩证关系，组成一个事物运行的合理区间。守住底线只是最低要求，重要的是，要不断向高线进军，有道是"守乎其低而得乎其高"，其中的"低"是底线，"高"是顶峰；如果不能守底，便难以达到顶峰。

无论从哪个角度考量，为人做事都要建立基础性的底线思维，由低到高，最终实现大的目标。由此，在处理某问题或做事之前要明确这么几个问题：

"我有没有底线？"

"我的底线在哪里，具体有哪些底线？"

"我能否突破这些底线，突破的后果会如何？"

"突破这些底线会对哪些人产生影响？"

"防范这些底线的主体是谁?"

能理性、务实,且有逻辑性地回答这些问题,有助于我们底线思维的建立与优化。

我们总是致力于追求美好的事物、美好的结果,却往往忽略了事情变坏的可能,尤其是最坏情况的出现。拥有底线思维,就是在想问题、处理事情时,会居安思危,凡事既向好的方面设想,也作最坏的打算。这样,就可以做到有备无患、遇事不慌,牢牢把握事情的主动权。从这个角度上看,底线思维是一种预判性战略思维——立足于最低,争取最高,功夫下在"防止最低""达到最高"的努力上,探"底"是为了努力登"高"。

联合国总部坐落在瑞士的日内瓦,这是一个非常漂亮的海滨城市。去过那里的人会发现:在整座城市中,没有高大的建筑,也看不到豪华的大厦,很多都是十八九世纪的建筑,甚至还保留着中世纪的古典建筑。就是这样一座"陈旧如斯"的城市,却给人一种清新、淡雅的感觉。

在日内瓦,建筑物的高度不能超过37.5米,这是明文规定的,是一条建筑底线。如果某建筑物超过这一高度,不仅要被拆除,而且违令者会被剥夺在瑞士购房的资格。为什么是37.5米?因为100年前建造的圣彼尔教堂的高度为37.5米,它被视为日内瓦的符号。由此看来,37.5米不只是日内瓦城市建筑的限高,也是一个城市站在历史角度考虑问题的高度。

建筑是城市的语言。每座城市都有它不同的色调、建筑特色以及风土人情。日内瓦坚守的底线,是不可妥协的、不容商量的。正是这种对"底线"的坚守,在带给人们别样感受的同时,也提升了城市的"高度"。

在生活中,不少人高不成、低不就,最基础的工作都做不好,真的是能力问题吗?未必,很多时候,是这些人底线不清晰,或者说根本就没有底线思维。正常情况下，一个人的能力是有下限与上限的，而他们总是希求最好的结果，却忽视了坏的可能，尤其是最坏的情况的出现。换句话说，就是他们给自己定的底线高，而自身的能力又达不到，结果"有顶没底"，典型的才华与梦想不匹配。

在法制剧《底线》中，有这样一个情节：

杨莫为了嫁入豪门，实现人生逆袭，不惜自毁名声——起诉符祥对她性骚扰。周亦安经过详细调查发现，事实的真相并非如此。

杨莫是应届毕业生，没有多少工作经验。符祥因为杨莫长得非常像自己的女儿，于是破格录用了她，让她做自己的行政秘书。在工作中，符祥对她关照有加，即便她犯了错，也没有对其责怪。

正是符祥的"特殊"照顾，让杨莫有了歪心思，想想自己年纪不小了，在这座城市一无所有，要买车买房，需要奋斗多少年呀！如果能上位老板太太，至少可以少奋斗20年！

于是，为了能够上位，她故意送醉酒的符祥到酒店，并想借此"讹"上他，谁知符祥是个正人君子，没有吃她那一套。杨莫计划落空后，被符祥炒了鱿鱼。

其实，符祥原本很欣赏杨莫，也有意培养她，可是杨莫的心思却不在工作与事业上，而是突破道德底线，意欲走人生的"捷径"，结果既失去了工作，又丢了名声。

在商界或职场中，无德、失德行为屡见不鲜。很多人之所以一心想着飞黄腾达，或是某一天突然爆火，抑或抓住某个风口发笔横财，是因为在他们的潜意识中，有这样一套逻辑：想要成名，想要赚钱，就不能走寻常路。所以，他们尝试寻求各种"捷径"，打法律的擦边球，丧失职业道德，甚至失去做人的基本尊严与准则，完全不顾忌做人做事的底线。

其实，无论是哪个行业的佼佼者，明星也好，企业家也罢，抑或网红，都不是一夜成名的。他们之所以自带流量，靠的不是姣好的容颜，而是出色的才华与素养，以及为人做事所秉持的底线。他们在不断拔高自己能力、提升自己品行的同时，也在以远高于常人的标准来要求自己。从这个意义上说，他们的底线与品行一样，是在不断提升的。如此，才能不断精进，最终获得成功。

消除"限制性观念"

底线思维要求为人做事守规矩,不逾越红线、不碰高压线,但绝非抱残守缺,而是立足底线、追求高线。很多人在这方面有一个错误的认识,认为"底线思维"就是给自己设定各种条条框框,不犯错误,不捅娄子,或者奉行"宁可不做事,也不能惹事、出事"的做事准则。严格来说,这是一些限制性观念,是被动的"坚守",是故步自封、画地为牢,而不是真正的底线思维。

守住底线只是底线思维的起点。守住底线,就是将潜在的危险和危机控制在可以掌控的范围内,或者将其隔离在安全线之外。底线思维蕴含着积极有为的态度,而不是无所作为的消极防御。要发挥这种思维的能动性,必须要消除一些根深蒂固的限制性观念,不要一味想着"守",而要学会在"守"的基础上"攻",就像足球比赛一样,最好的防守就是进攻。

来看下面一则故事:

一头大象被一根细细的绳子拴在园子里,很多人看后都说:"大象不需要用多大的力气,就可以挣脱绳子的束缚。"但大象始终没有这么做,只是静静地站着,或者在绳子"允许"的范围内活动。

为什么大象不挣脱绳子的束缚呢?只因为它已经习惯了绳子的束缚。很小的时候,管理员就用这根绳子拴着它。如今当初的小象已经变成了大象。大象虽然长大了,但依然认为那根绳子能拴住它,所以没有产生要挣脱的想法。

看到这里,已经明白:拴住大象的不是绳子,而是它的"限制性观念"。同样的道理,很多时候束缚我们手脚、限制我们行动的,也不是外界的看起来苛刻的条件、环境,恰恰是植根于我们内心的限制性观念。

什么是限制性观念呢?简单来说,就是阻碍做出行动或是改变的念头、想法、观念。例如,我们一再被教育在某件事情上应该怎么做,不应该怎么做。当我们遇到这样的事情时,便会下意识产生限制性观念:"哦,这件事情不可以这样做。"

我们经常说的"改变观念",其实主要指的是改变一些限制性观念,毕竟,世界在变,环境在变,过去认为对的观点、做法,会随着时间与环境的变化,而变得不合时宜,甚至是错误的。但是,现实生活中总有一些顽固的人,他们不但会坚守老观念,也不容别人触及和改变他们。他们一直用这些观念来指导自己的行为,从而形成一套固有的行为模式。

常见的限制性观念有三类,它们对一个人身心的发展有着重要影响。

(1)无望。一个人在感到无望的时候,也是最容易突破自己底线的时候。比如,有人认为"不论自己怎么努力,都无法实现既定的目标",这时,他就可能放纵自己,也可能降低对自己的要求。在他的潜意识中,再坚持自己之前的底线,已没有意义,必须要做出改变。

有的人经常换工作,一年换三四次,是工作难做,还是自己能力不足?其实都不是,是他们在工作一段时间后,觉得"不论自己如何努力都没有用,自己想要的终究得不到,它们不在自己的掌控范围之内",怎么办?干脆换一家!刚进公司时,他的想法可是"我一定要好好干,至少要在这家公司干一年",结果只干了一个月。

(2)无助。无助,通常被认为是"虽然目标是可以实现的,但是自己缺少相应的能力"的情绪反应。在一个人相信他追求的目标是现实的,也是有可能达成的,但是他又不相信自己拥有相应的能力时,就会产生一种无助之感。

当一个人感到无助的时候,也是他底线最容易动摇的时候。特别当他处于人生的低谷期,很难再坚守过往的一些原则时,他较容易做出的改变,就是向下突破自己的底线。事实上,他果真那么无助吗?未必,很多时候,是一些限制性观念在作祟。如,认为"这超出了自己能力范围""没有公平可言,再努力也没用""要求太高,根本达不到"等。其实,只要花些时间剖析一下自己,改变这些限制性信念,会发现事情原本没有想象的那么难。

(3)无价值感。所谓无价值感,通俗的理解就是"由于你做了某件事,或者因你的特定身份,而使你觉得不能追求某个目标"的心理感受。当一个人相信自己有一定的能力去实现某个目标,但是,又觉得自己"不配"追求这个目标时,就会产生一种无价值感。

限制性观念,无疑对自我的实现有极大的阻碍作用。那么,在发现自己拥有某种限制性观念时,该如何有效地消除它呢?关键要把握下面五个步骤。

第一步,确认你的限制性观念是什么。找一张纸,把你认为的限制性观念写下来。它们可以是"我没有能力""我没有钱""我口才很差""我经验不足""我比较内向",等等。总之,你能想到什么,都把它写下来。

第二步,举出反例。从列出的观点中挑出一条,然后找出具体的案例来推翻它。案例可以是自己的,也可以是身边人的。比如,"我的性格内向",为了推翻这个观点,你可以想象一下,你和朋友、同学等在一起畅聊的场面,当时,你看上去不是一个内向的人,而是一个敢于表达自己,也乐于表达自己的人。这样,你就会发现,"原来这个观念也是有漏洞的",这样的例子找得越多,你动摇这个观念的机会越大。

第三步，认真想一想，这些观念对你产生了哪些负面影响。比如，它们是否让你坐以待毙，错失了实现目标的良机；它们是否给你的社交带来了一些困惑；它们是否对你的生活产生了一些烦恼等，把它们写下来。现在，请闭上你的眼睛，再次想象那些观念带给你的烦恼。

第四步，寻找观念产生的根源。你可以挖掘记忆深处，去不断探寻：是过去经历的某些事情，让自己产生了这样的信念，还是特定的生活环境使自己对某种现象产生了一些固有的看法等。比如，你喜欢写作，也一直认为自己的文笔不错，但是有一次，有人不留情面地说："说实话，你这文笔太差了，确实不适合搞创作。"你心头一紧，认为对方审美有问题。后来，又陆续有人表达了同样的观点："你的文笔功底不够。"那你可能就会真的怀疑自己："我是不是真的有这么差？"于是，你先前的信念就会动摇。想一想，你有没有类似的经历。如果有的话，尽可能唤起当时的感觉。

第五步，给你产生的观念赋予新的内涵。在找到限制性观念产生的原因后，要赋予它新的意义或内涵。如果大家都说你不适合创作，你可以对他们的这些观点做出一些质疑或者解释。比如：

"你们为什么这样说，我很想听听问题出在哪里，我好改进。"

"可能我的写作风格不符合他们的审美。"

"我相信自己会越来越棒，他们的意见对我是一种鞭策。"

同样一件事情，从不同的角度理解，赋予它不同的意义，会让我们产生不同的心态。所以，对一些限制性观念要辩证去看。

经过上述几个步骤，你会发现原来的一些限制性观念会逐渐被淡化，与此同时，新的观念正在形成。在适应新的变化和解决问题时，要不断用新的观念挑战、替代旧的观念，这意味着你的人生开启了螺旋式上升模式。其实，这也是一个人成长的一种常见模式。

底线，在"短"不在"长"

管理学中有一个定律叫"木桶定律"或"木桶原理"，又名"短板理论"，最早是由美国管理学家彼得提出来的，其主要内容为：由多块木板做成的水桶，能盛多少水，并不取决于桶壁上最长的那块木板，而恰恰取决于最短的那块。

由此，我们可以得出两个推论：一是当桶壁上的所有木板都一样高时，木桶可以盛满水；二是只要木板的长度不一，桶里的水就不可能是满的。

该理论给我们的一个启发是：要重视短板，并学会补齐短板，尽可能让"桶"装更多的水。这里的"桶"可以是企业、部门，也可以是班组和个人，而"桶"的容量是整体的实力。其中的"短板"可以视为底线——底线越低，实力越低，反之亦然。

下面，我们以企业为例来说明这一点。一个企业，只有想方设法让所有的板子都维持"足够高"的高度，才能充分体现团队精神和团队作用，也才能有效提高企业的整体实力。越来越多的管理者意识到，只要某个部门有一个员工的能力较弱，那部门预期目标的达成就会受到负面影响。要从根本上提升部门业绩，不是着力去提升优秀员工的能力，挖掘他们的潜力，而是要尽可能提升能力较弱员工的实力，如对其进行行业教育、业务培训等。

不只是企业，任何一个组织，内部都或多或少存在"短板"问题，你不能把它"扔掉"，否则就会出现空缺，影响组织职能的发挥。怎么办？只能想办法解决，具体说就是要先找到"短板"或薄弱环节，然后下功夫把它们"补"起来，使之向高处看齐，这种做法体现了底线思维。

具体来说，"木桶原理"体现的底线思维主要表现在以下几个方面：

1. 补齐短板

最短的那块木板的高低决定了桶可以盛多少水。只有将它补得与其他木板一样高，木桶才能盛满水。在一个团队中，许多时候管理者清楚"短板"在哪里，却碍于面子不愿揭短，或因畏难情绪作祟不敢揭短，更谈不上去补短板。

显然，这种做法并不可取，如果对"短板"只避不补，势必会影响团队的发展，进而可能影响整体效益。对个人来说也是如此，要客观地审视自己，清楚自己的优劣势，并有针对性地弥补自己的不足，才能实现个人的均衡发展。

2. 加固"底板"

如果将桶壁上的短板都补齐了，桶还是装不满水，那可能是桶底出了问题。比如，桶底不结实，有裂缝或是漏洞。怎么办？及时加固，让它足以承受一桶水的重量。这里的"桶底"指代一些基础性的工作，正所谓"基础不牢，地动山摇"。不论是个人还是团队，如果日常性的工作都做不好，便不可能展现出过硬的实力，也很难经受得起考验。

3. 消除缝隙

如果木板间有缝隙，即便木板很齐、很高，水也会透过缝隙流掉。因此，为了装满水，一定要将这些缝隙补好。如果把木桶视为一个团队，那每一块木板都是团队的一个成员。如果每个成员都有大局意识，且有较高的合作意向与合作能力，那相互之间的"缝隙"

就会变小。要完全消除这些"缝隙"，最大限度发挥团队的作战能力，就必须使每一名成员都要有包容并帮助他人的美德，能够充分发挥自己的优点，搞好团队协作，在行动上步调一致，做好补位衔接，增加团队的"紧密度"，最终形成一个强而有力的团队。

4.拧紧铁箍

通常，桶壁会被一道铁箍牢牢地箍着。如果没有了铁箍的固定，在水的压力下，木桶很可能会散架。这里的"铁箍"类似于我们常说的"法律""企业制度""企业文化"等。事实告诉我们，只有用适合的法规制度来约束集体成员，才能形成整体合力，增强凝聚力和战斗力，才能让团队成为一个坚固的"桶"，迎接各种困难和挑战。对个人而言，这一道道"铁箍"就是一条条底线，一刻也不能松动。

综上所述，"木桶原理"给我们的启示是：不论团队还是个人，为了在竞争中获胜，要把关键的资源用在补"短板"上，特别是当一些短板严重制约个人或团队能力的发挥，甚至成为致命弱点时，一定要主动、及时补齐，使短板不再成为制约发展的"痛点"。

设定最低目标，争取最大期望值

现实生活中，人人都容易犯的一个错误，就是高估自己，而低估客观因素带来的困难，使设定的一些看似简单的目标却时常难以完成。进一步追本溯源，会发现这是因为缺乏底线思维而带来的不良后果。

我们知道，从特定角度来看，底线即最下线，是不可逾越的界限和事物发生质变的临界点。守之则安稳，越之则危险。相应地，底线思维就是客观地设定最低目标，立足最低点，然后由下而上，由低向高，争取最大期望值的一种思维。

很多人不具备这种思维能力，盲目设立目标。起初，斗志昂扬，满腔热血，但随着时间的推移，耐心和信心也消磨掉了。为什么？因为目标遥不可及。如果定一个与自己实力相匹配的目标，"跳一跳，够得着"，那么在实现之后，信心将会得到提振，随后可以制定下一个目标，如此环环相扣，会进入良性循环。反之，就会碰壁，就会失去信心。这体现了底线思维的存在意义。

举个生活中的例子。

假如月薪是1万元，设立一个年度攒钱目标：一年攒5万元。如果没有大的开销，这个目标实现起来并不难。但事实上，很多人是完不成这个目标的。

为什么？最大的原因是缺乏底线。经常是这个月花了8000元，攒下2000元，想着"下个月少花一些，争取攒7000元"，结果，下个月只攒了3000元。10个月时，共攒了2万元。而当发现无法实现目标，便改主意了：一年攒二三万也不错哟！

如果运用底线思维来完成这个目标的话，可以先做一个大体的计算：一年攒5万元，平均一天大概要攒140元。然后每天坚持定存150元，如果有几天没有存够，下次补齐。或者以一周为时间单位，即每周要存1000元。这样一来，会感觉存钱的压力没有那么大了。

做其他事情也是如此，如果目标太大，最好把它分解成容易实现的小目标。这里需要特别说明的是，这些小目标是必须要按时完成的，是"保底目标"，也可理解为底线。当你在不经意间完成一个个小目标，那距离大目标的完成也就越来越近。如果每个小目标都能提前完成，那整个大目标就会提前实现。

现实生活中，为了更好地运用底线思维，实现由小而大、由下而上实现目标，可以在以下几个方面做些功课。

1.适当降低难度

很多人都有这样的感觉：在新的一天，如果从解决最棘手的问题开始，那工作状态很难提起来，而且容易产生抗拒心理，如果从完成简单的事情开始，状态会越来越好。这就告诉我们，做事情要先做容易的，先易后难，这样容易产生好的结果。

比如，有的人给自己定了一个目标：三个月瘦20斤。他经常是高强度地锻炼三五天，中间休息二三天，结果，一个月下来，体重不但没减下来，反而有增加的迹象。于是，锻炼的信心没了。其实，可以先降低锻炼强度，从简单的运动开始，再不断增加强度，这样不但容易坚持，而且容易看到效果。

2.逐渐提升能力

有了方向，有了目标，然后通过持续的努力来提升自己的能力，其实并不难。很多人之所以经常犯同样的错误，能力不见长，主要有两个原因：

一是太激进。做事像不规律地吃饭，要么三天不吃，要么吃一顿抵三天。提升自己的能力是一个循序渐进的过程，其间要进行有规划的学习，慢慢积累。即便是看一本书，也要逐段看完，看完一段消化一段，而不要囫囵吞枣。

二是太敷衍。有些人虽然不激进，但习惯三天打鱼两天晒网，设定目标的时候热血澎湃，而行动时则慢慢吞吞，三分钟热度。

目标是前进的动力。在向目标靠近的过程中，要心中有梦，脚下有路，持之以恒，踏踏实实，把握好节奏，这样才不会在忙碌的生活和工作中迷失方向，才能稳步地提升自己。

3.设计清晰的工作思路

通常，如果工作没有思路的话，很难集中注意力，容易拖拉，也不清楚自己在不同时间段到底做了什么。在设计工作思路时，可运用逆向思维，即从必须要完成的目标这个底线入手，倒推具体的安排，从而形成一套完整的工作路线图。在这个过程中，每一个环节如何实现，实现的进度怎样，都需要方法来保证。

假如你是一位主播，打算一年内要增加100万粉丝。那么从第1个月开始，每个月应该涨粉8万左右。如果半年过去了，涨粉30万，那剩下的6个月的时间里，平均每个月要涨15万粉，分摊到每周，就要涨将近4万粉。简单来说，就是从目标出发，来反向推算每天应做哪些事，做多少，完成标准如何等。这样一来，目标既有层次，又成体系，实现的过程一目了然。

很多企业都会运用这种方法来达成目标。比如：先将年度目标分解为多个细分目标，然后再分析哪些细分目标可以提升和改进，挑选出提升和改进目标可以利用的关键策略，再配置实施这一策略的相关资源，从而形成完成这一目标的工作计划。

这对个人成长来说，有着很重要的借鉴意义。比如，打算创业，得清楚自己的创业初衷。大多数人创业，目的很简单，就是不想帮别人打工，想自己当老板，甚至觉得赚不赚钱都无所谓，只要不赔就好。这样的创业者，没有明确的目标，虽然懂得研究经商技巧，但也只是走一步看一步。哪天做不下去了，会临时改变主意，再次乖乖回去上班。

4. 分析问题产生的原因

从目标、行动计划的制定，到执行，再到目标的达成，中间有多个环节。其中，在执行行动计划的过程中，不但需要把握好一些细节，还要克服一些不可避免的障碍。如果目标合理，行动计划也没有问题，结果目标没有达成，问题往往出在执行力上。衡量执行力强不强的一个重要标准就是克服障碍的能力。

在影响目标实现的障碍中，有相当一部分是可以预见的。提前分析这些"拦路虎"，不但可以提升执行力，也可以降低目标实现的难度。在这些可预见的障碍中，有80%是内在的障碍，比如不自信、专业能力差、悟性低等，有20%是外在障碍，如外部环境的变化、不可预知的问题等。在许多时候，不能正确分析、对待这些可预见的内在障碍，就会增加实现目标的难度，并可能给我们带来认知上的错误引导。

很多时候，我们都在强调"要努力""要奋斗"，而很少会考虑：如何在付出同等努力的情况下得到更好的结果？其中，很重要的一点是，一定要学会运用底线思维，即从要确保实现的最基础的目标出发，对资源进行合理规划，对时间、精力进行科学分配，由下而上，层层递进，最终实现最大的期望值。

第三章

底线思维是预设红线的前瞻性思维

底线思维是一种前瞻性思维。它着眼于长远，要求针对可能的潜在风险，尽可能将各种情况都考虑进去，做冷静深入的分析，并在此基础上，未雨绸缪，做好周全准备和防范。

图之于未萌，虑之于未有

"图之于未萌，虑之于未有"，出自唐代大臣柳泽给唐睿宗李旦的一封奏疏。该篇奏疏最早见于后晋刘昫等撰写的《旧唐书·柳亨传》所附的《柳泽传》。其大意是，在祸患还没有萌发的时候要有所预见，在灾祸没有到来时要居安思危，未雨绸缪。

类似的表述在中国典籍中并不鲜见。比如，《老子》说："为之于未有，治之于未乱。"《管子·牧民》说："唯有道者，能备患于未形也，故祸不萌。"这些先贤睿语都在强调，要在不良的迹象还没有出现，灾祸还没有形成时就多加防范。其中既有居安思危的忧患意识，也有对未来做最坏打算的底线思维。在今天，它们依然具有重要的借鉴意义。

风险既包括内部的，也包括外部的。面对这些风险，正确的态度就是，"图之于未萌，虑之于未有"。当然，"图之于未萌，虑之于未有"只是一个态度、一种意识，对于不同性质的问题，所思虑和采取的防范对策应该是有所不同的。

在中国共产党的历史上，毛泽东是善于运用底线思维的战略大师。他曾强调，"必须预计到最困难最危险最黑暗的种种可能情况，并从这点出发去克服困难，争取光明与胜利的局面"；"从最坏的可能性着想，总不吃亏"；"做好了一切准备，即使发生最困难的情况，也不会离原来的估计相差太远，这不是很好吗？所以，根本的就是这两条：一是争取最有利的局面；二是准备应付最坏的情况"。

此外，还曾明确要求制定政策必须坚持运用底线思维："我们要把估计放在最困难的基础上，可能性有两种，我们要在最坏的可能性上建立我们的政策……"他甚至将最坏的可能称为"极点"，认为"世界上的事情你不想到那个极点，你就睡不着觉"。

1945年5月，面对抗战即将胜利的大好形势，毛泽东给众人泼了一瓢凉水，他一口气列举了可能遭遇的"十七条困难"，并据此提出应对之策，同时要求"要在最坏的可能性上建立我们的政策"，并让大家做好对付不利情况的"精神准备"。

毛泽东的这些底线思维，对我们今天的生活、工作依然有着重要的指导意义。

1.怀忧患之心，充分预估风险

现实生活中，如果一个人没有忧患意识，对风险缺乏预判，经常会因为遭遇意外事件而狼狈不堪。比如，当拥有一份安稳的工作后，会觉得此生无忧，于是不思进取。可是当风险来临时，却发现自己根本没有办法应对。

四年前，一个年轻人进入一家效益不错的企业工作。三年的时间，年轻人从普通职员晋升为部门小主管，春风得意。后来，受新冠疫情的影响，部门业绩不佳，企业最后做出一个决定：裁掉这个部门。随同这个部门被裁掉的还有这位年轻的主管。这让年轻人有些措手不及，一时间迷茫了，不知道该何去何从。

其实，很多人都像这位主管一样，虽然工作很努力，能力很强，但缺少风险意识，不居安思危，不提前做准备，当风险真正到来时变得手足无措。事实上不论是生活，还是职场，抑或商界，很多事情都不会按照自己的预期发展，随时会出现未知的风险。因此，一定要怀忧患之心，把风险预估得足一点。

2.有大局意识，着眼长远利益

如今，快节奏的生活让人们心态发生了一些变化，做事急于求名，急于求利，急于求成，经常为了摆脱眼前的状况，有时甚至为了吃好、穿好、玩好，不择手段，不顾廉耻，投机取巧，什么人格、尊严、德行、操守、灵魂统统不要。结果呢？为了一时的痛快，付出了巨大的代价。事情往往是，越是急功近利的人，越难得到功利；越是不顾廉耻的人，越难得到快乐。文学家因为功利写不出好作品，艺术家因为短视忽视了艺术和功底，运动员因为名利而屡屡违纪违规。

所以，做人做事要有长远眼光，有大局意识，不要被一时的得失成败所局限，既要看到成功路上的美好，亦要留心途中的荆棘，做好万全准备，方能有备无患。

3.要锐意进取，形成正向循环

有些时候，底线思维是冲那些最困难的问题去的。它要求我们，不单单要有挑战困难的思想准备，还要有制敌良策，更要有打持久战的意志决心。

做任何一件事情，当你认为"不可能"的时候，结果会怎么样？往往是放弃，或是勉强去做。而且在放弃之前，常会为自己找一些充足的理由。如此一来，就会形成这样一种回路：思想上认为"不可能"—行动上"放弃"—口头上"找理由"。一旦这个回路形成闭合，就会不断地产生负向的反馈，进而形成负向循环。实际上，这是缺乏底线思维的反应。

要锐意进取，必须要形成正向循环，必须要不断产生"正反馈"，并形成合理的、正向的"回路"。为此，必须要拥有理性的思维、正确的方法、积极的心态。

现实中，很多人在一个行业做不下去，或是认为之前的梦想不靠谱了，便会习惯性地模仿别人，或是干脆树立一个新的梦想。如此反复，几次下来会发现：梦想变了又变，自己却一直停在原地。

大家都在找方法的时候，他却在找理由，一进一退，一正一负，差距马上就出来了。个人与个人之间的差距往往就是这么来的。

不论你承不承认，这个时代都在加速变化。生活不断变化，科技不断变化，商业环境不断变化，人们的社交方式不断变化。你能想象到的东西都在变化，甚至它们原有的运行逻辑也正在发生颠覆性的变化。变化必然带来风险，而应对风险的最好方式，就是提前设伏，就是"图之于未萌，虑之于未有"，做好各种准备。如此，才能更好地掌控自己的生活与工作，而不至于被动地陷入彷徨与迷茫中。

如今，AI时代就要来临，如果你不居安思危，不"图之于未萌，虑之于未有"，紧跟时代浪潮，必然早晚有一天会被AI所取代。

|底|线|思|维|

预设底线的思维路径

底线思维是一种非常实用的思维形式，拥有这种思维形式的人会认真评估风险，估算可能出现的最坏情况，并努力做好相应的准备。缺少底线思维的人，常常因害怕面对未知风险，而迟迟不敢采取行动，或者根本缺乏这种底线意识，不作任何准备就贸然行动。

对个人来说，底线思维是一种意识、一种态度，对企业来说，可能是一项战略目标，也可能是一项财务指标。在这个瞬息万变的时代，不确定性大大增加，要想有效应对各种不确定性，一定要预设自己的底线，做好周全准备。

底线思维的运行需要一个完整的路径，主要包括5个环节，即承认底线、认知底线、寻找底线、明确底线、坚守底线。

1.承认底线

承认底线是坚持底线思维的基本前提。首先，要承认底线是真实存在的。任何事物都有其特定的下限尺度。下限尺度是事物所能承载的量变的限度，超过这个特定的尺度，事物就不是之前的事物了。其中标识事物衰退的尺度边界，即为底线。所以说，底线具有不以人的意志为转移的客观性。

当然，底线不仅指客观事物的底线，也包括人们行为的底线。每个人都向往无拘无束的生活，但无拘无束是理想化的，事实上，真正的无拘无束是不现实的，同时也是危险的。现实生活中，我们会受到各种约束，如道德、法律、纪律、能力、思维、社会关系等的约束。如果我们突破它们的束缚，逾越它们限定的范围，或行为超过一定的限度，自由必然被剥夺，其中的"范围""限度"就是底线。

总之，承认底线，是规划行动方案、制定防范对策和行动的起点。

2.认知底线

我们知道，底线思维的内涵是：从最坏处着眼，作周全准备，朝最好的方向努力，争取最好的结果。具体来说，它有这么几层含义：

第一，底线是区分不同事物或事物不同发展阶段的临界线。每一个事物的存在和发展都存在"质的规定性"，这也是区分某事物与其他事物的重要标志。一旦"质的规定性"受到冲击出现衰变或反转，便冲破了底线，某物变他物了。

第二，底线是划定最低目标的边界线。在生活与工作中，我们要制定各种目标，如最低目标、中期目标、最高目标等，其中，最低目标就是做事的底线，它是实现中期目标和最高目标的基础。

第三，底线是区分可为与不可为之间的警戒线。在社会活动中，每个人都必须有规则意识，也就是要遵循自然规律和社会规范，一旦逾越，就要承担相应的不利后果。为了避免这种不利后果的出现，一定要明确可为与不可为之间的界限，也就是清楚底线所在。

3.寻找底线

底线思维运行的具体过程是从寻找和确认底线开始的。现实中，每一个事物都有其固有的不能突破的底线，那么这个底线究竟在哪里？不同的事物，底线往往是不同的，没有统一的标准，需要具体情况具体分析，这就涉及寻找底线的问题。

通常，寻找底线大体要经历如下几个步骤：

首先，多调查研究。之所以要做调查研究，为的是从主观臆想中摆脱出来，形成对事物发展整体情况的理性认知。在调查研究过程中，要把握好几个核心要点：一是深入事物的核心本质，全方位、多层次、多渠道了解事物发展的真实情况；二是深入实际，不浅尝辄止，脚踏实地追根溯源；三是聚焦微观，不遗漏点滴，在做细做实上下功夫。

其次，找到事物变化的临界线。底线本身就是一种是非的分界线。通常，可以从以下几方面去寻找：

一是着眼于事物存在的本质。深入事物的本质，分析维系事物存在的根本依托和主要矛盾，明确探寻底线的方向。

二是着眼于事物发展的方向。事物发展是一个由若干关键节点和阶段性目标连接而成的连续过程。每一个关键节点上的变化都会对事物的发展产生影响，因此要多关注关键节点和阶段目标，以帮助找寻事物底线。

三是着眼于行为对事物的发展产生的影响。人的行为既可能对事物发展起到推动作用，也可能在一定程度上引发或加剧风险，阻碍事物发展。关注这些影响，并借助这些影响找寻事物发生质变的临界点，进而探寻事物的底线。

最后，对底线进行辨别和确认。有时候，底线很容易找到，甚至不用刻意探寻。但是为了准确起见，需要对其进行辨别和验证。通常，底线需要一个反复认识的过程，因而就更加需要认真核准和确认。

4.明确底线

在找到底线后，要把它们明确一下。事实证明，我们之所以经常突破一些底线，一个重要原因是放松了警觉。

为了提升坚守底线的自觉性，我们要明确地划出三种底线：

第一种，要划出原则底线。原则底线，是人们根据重大风险对事物造成或即将造成冲击而建构的思维界限。在平时，划出原则底线，要求自己准确识别风险、精准辨识风险对事物冲击的主要方面，以此厘清安全与危险之间的思维界限。

第二种，要划出目标底线。在充分考虑客观条件、预判风险挑战的基础上，建构最低与最高相呼应的目标体系。在这个目标体系中，最低目标就是目标底线，它是实现确保目标体系的基础和阶梯。

第三种，要划出行为底线。在可为与不可为之间要明确界限，以形成懂法纪、明规矩，知敬畏、存戒惧，筑牢不可触碰的底线意识。

5.坚守底线

为了更好地坚守底线，可以根据实际情况规划行动方案、制定防范对策。如，谨言慎行、恪守自律、摒弃欲望、增强意志、修养操行，严格按章办事，不妄自尊大、不肆意妄为等。只有守住底线，我们才能正常生活于天地之间。

综上所述，预设底线不是简单地明确做什么，不做什么，而需要构建一个完整的思维路径，如此，才能将自己"约束"在正确的轨道上，降低偏离轨道的可能性，并逐渐将"受控行为"转化为"自动行为"。

跳出思维"舒适区",看到问题和隐忧

中国传统的忧患意识由来已久,在殷周时期,哲人们就有了忧患意识,表现为对人生和宇宙命运的关注。《系辞传》中有这样的表述:"危者,安其位者也;亡者,保其存者也;乱者,有其治者也。是故君子安而不忘危,存而不忘亡,治而不忘乱,是以身安而国家可保也。"实际上,这是一种典型的忧患底线思维。

善用忧患底线思维是我国先哲的大智慧。"不以规矩不能成方圆","随心所欲不逾矩",居安思危,"生于忧患死于安乐","置之死地而后生",杞人忧天等,都体现了底线思维。其中,杞人忧天更是折射出忧患底线思维的本质。杞人的忧天其实是忧人,他在严肃而认真地思考:如果哪天天塌了,人该怎么办?人应该怎样立于天地之间?杞人忧天是真正的忧患意识,是彻底的底线思维,这是从最坏处着想争取主动权的范例。从这个角度看,忧天的杞人是大智者。

"人无远虑,必有近忧"给我们的启示是,人要有忧患意识,不要鼠目寸光,把目光只盯在眼前,盯在既得利益上,要想一想后面的事情,想一想将来可能发生的事情。

历史上有很多这方面的典故,比如"曲突徙薪"。故事是这样的:

一天,一位客人看到主人家厨灶上砌的是直烟囱,旁边还有柴火,便劝其"更为曲突,远徙其薪",以避免火患。主人"嘿然不应"。结果失了火,幸好邻居跑来帮着灭火,才没有把房子烧了。为了感谢邻居,主人"杀牛置酒,谢其邻人",却没有邀请那位客人。有人为那位客人抱不平,说"明明可以消除火患,却不去行动,现在救火论功请客,而那个建议将烟囱改弯,把柴草移走的人却没有被邀请,而只款待救火的人,实属不应该啊!"主人听后幡然悔悟。

忧患型底线思维,就是事先设想可能会出现哪些最坏的结果,为了避免这些坏结果的出现,提前主动采取防范措施,以尽可能减少损失,获得最好的结果。

再来看一个例子:

在香港启德机场没有关闭前,被称为"世界最危险机场"。为什么?因为它建在香港市中心,周围高楼林立,空间非常狭小,只有一条伸入维多利亚港内的填海跑道,飞机起落有一定的危险性。然而,从机场营运以来,几乎没有发生过大型空难事故,因此又被誉为"世界最安全机场"。

究其原因,除了机场管理高效外,航空公司对在香港起降的飞行员的要求也特别严格。每个飞行员心里也清楚,在这里起降比较危险,所以他们会跳出思维的"舒适区",时时提高警惕和心中的"安全底线",慎重对待每一次起降。

这个例子说明,当我们居安思危,着眼于负面的结果,并建立严格的防范体系,不但有助于提高警惕性,也有助于事物向积极的方向转化,最终获得令人满意的结果。这是忧患底线思维的现实运用。

试想,如果一个人吃饱喝足,整天都在想一些快乐的事,而对一些潜在的各种问题视而不见,那么他的这种快乐又能持续多久呢?

现实中，该如何运用忧患底线思维，助力我们的事业与人生呢？很重要的一点，就是要勇敢跳出思维的舒适区，摒弃"小满即安"的思想，凡事既往好的方面去想，也往不好的方面去想，两手准备，不怕困难，积极迎接各种挑战。

舒适区，是一个心理学概念，是一种能在生理或心理上感到自在的有限范围。

想一想，我们为什么偶尔会出现紧张和不安？原因很简单，自己被迫离开了舒适区。在现实中，每一个人从心底里是不愿意跳出现有舒适区的。他们可能会问："待在心理舒适区有什么错吗，为什么一定要跳出来？"不可否认，在舒适区里，可以保持放松、舒服的状态。但是，在瞬息万变的当今社会，绝大多数人不可能一直生活在舒适区。

不少人都有这样的经验：在朋友面前，在自己的下属面前，自己说什么，大家都"愿意听"，说话也鲜有顾忌。如果在一个陌生的场合，在你没有丝毫准备的情况下，有人突然把你"揪"出来，说"让王总给大家讲几句话，助助兴"，这时，有多双眼睛盯着你，你还能张口就来吗？虽然你还是你，口吐莲花的水平也依旧在，但是此时，你可能会有些拘谨，说话放不开，甚至巴不得有人给你递上一份讲话稿。

反差为什么如此之大？

因为环境发生了改变。一个在舒适区，一个在非舒适区。当一个人面对熟悉的环境、熟悉的朋友，并对身边的事物有一定的掌控力的情况下，他几乎不会产生焦虑。相反，当面对的环境、人完全变了，他会因此感到焦虑，并进而影响到很多方面的发挥。

"凡事预则立，不预则废"，平时就要有意挑战自己，让自己勇于跳出"舒适区"，在各方面锤炼自己，这样就能有效提高遇事不慌，从容应对的能力。

1. 不断突破自己设定的界限

每个人对未知的事情都有一种莫名的恐惧，因此为了不让自己受到伤害，常常不去触碰自己不了解的人或不熟悉的事，久而久之自己的领域就泾渭分明。但这不是我们自我设限的理由。故步自封不是人生最好的状态，舒适区也不是世外桃源。只有不断勇于突破自我，做出更多的尝试，才能更好地适应新的环境。要知道，人生最好的状态，不是在狭小的空间里孤芳自赏，而是在无限可能中自由行走。

2. 在适应的基础上不断改变

在今天智能化的时代，我们所处的环境瞬息万变。一个人如果长时间处在安逸的环境中，对成长非常不利。正如孟子所说："生于忧患，死于安乐。"只有尝试跳出自己的舒适区，在不断适应的基础上不断做出改变，才能实现自我的成长，才能遇到更好的自己。

3. 尝试站在舒适区的边缘

100多年前，心理学家耶克斯和多德森通过实验发现，焦虑水平和表现水平的关系呈倒U形。在实验中，当老鼠的焦虑水平很低时，表现水平也很低；当它们受到刺激，焦虑不断增加时，表现会越来越好；在某个特定的焦虑水平上，老鼠会有最佳的表现。如果超过这个焦虑水平，老鼠的表现会越来越差。

研究者将能够激发出最佳表现的焦虑水平称为"最佳焦虑"。它是一种有效率的、让人充满创造力的不适状态。与焦虑水平较低的舒适区相对应，将处在最佳焦虑的状态称作"最佳表现区"，而将焦虑过大的状态称作"危险区"。可见，不论是过于舒适，还是过于冒险，都不利于激发人的创造力。

因此，我们既不要完全退缩在舒适区里，也不可过于冒进，可以尝试站在舒适区的边缘，让自己一直维持"最佳焦虑水平"。这样，就会不断扩大现有舒适区，进而实现持续的成长。当然，每个人对于压力的承受能力不同，应对压力的方式也不同，所以，最佳焦虑水平会因人而异。

综上所述，跳出"舒适区"，既是居安思危的底线思维，也是化挑战为机遇的辩证思维。它考验的是一个人在关键时刻做出抉择的勇气和担当，以及抵御风险的能力。

底线思维提醒我们看问题要全面，要勇于从问题中跳出来，去审视问题背后潜藏的隐患，并提前做好防范各种危机的准备。

第四章

底线思维是融入社会的防范性思维

> 底线思维包含"从何处着眼""做什么样的准备""如何努力和争取"三个相互联系的方面,是"知"与"行","据守"与"有为"的有机结合,有一定的防范风险的功能,可以给在社会上行走的你我提供一份安全保障。

未行军先行败路：底线是人生的最后一道防线

生活很真实，很现实，也很残酷。不论是谁，做任何事，都不可能事事顺心，次次成功。有很多事情是无法预料的，有些事"人算不如天算"。那些看起来很风光，做事很成功的人，他们为人处世有一个共同点，那就是具备防范性思维。

简单来说，就是他们在做一件事情时，通常先透彻分析各种不利因素，并努力做好遭遇失败的各项准备，这样，即便有不好的事情发生，也不至于仓皇无措。这也是兵法上常说的"未行军先行败路"。

"未行军先行败路"出自《战国策·秦策五》。"未行军"指还没有开始行动，"先行败路"指已经规划好了失败的路线。这与我们今天所说的"居安思危""未雨绸缪"的底线思维不谋而合。具体应用时，要先客观分析情况，然后找出最低界限，设定最低目标，同时注重堵塞漏洞，防范潜在危机。用一句话说，就是立足最坏情况，争取最好结果。

来看一个生活中的例子。

有一次，某公司要举办两场不同主题的会议，甲和乙两个部门主管负责此事。甲和乙经过一番研究，最终选择了同一家酒店，但是所选的房间不同。

结果，会议前几天，他们都接到了酒店工作人员打来的电话，告知"酒店照明电路出现问题，正在抢修，但不会耽误几天后的会议"。甲接到消息后，意识到"这是一个不能忽视的问题"，"万一到时修不好呢？"于是，在跟进酒店抢修过程的同时，联系了其他两家可以预订的酒店。而乙听说不会耽误几天后的会议，便没有在意。

在开会的前一天，酒店工作人员再次打电话告知，照明电路还没有修好。由于甲手握B计划，因而临危不乱，而乙到此时才意识到问题的严重性，于是匆忙联系其他酒店。

在这个故事中，甲运用"未行军先行败路"的底线思维，避免了一场意外"事故"。平时，甲就是一个善于多角度思考的人，做事注重安全边际，习惯凡事为自己留有回旋的余地——先想办法让自己立于不败之地，然后再求进取。

《孙子兵法》曰："故善战者，立于不败之地，而不失敌之败也。是故胜兵先胜而后求战，败兵先战而后求胜。"什么意思呢？通俗地讲，意思是：不是必胜的仗不去打，没有把握的事不去做。常胜将军之所以经常打胜仗，并不是因为多么能打，而是从不打没有把握的仗，只有胜券在握时，才会出战。

三国时期，有一次，诸葛亮带领10万蜀兵进攻魏国。魏国的主将司马懿清楚诸葛亮的厉害，不想与他正面交战。司马懿经过分析，得出一个结论：诸葛亮千里迢迢率军进攻，粮草供应是客观存在的一个难题，毕竟10万人马每天要消耗大量粮草。自己占据城池，有大后方供应粮草，且城墙较高，很难被攻破。于是，他采取了死守策略。无论诸葛亮怎么刺激，就是拒不出战，以不变应万变。诸葛亮急得团团转，却没有好的办法。

在这个故事中，老谋深算的司马懿使用的这招，正是《孙子兵法》中先让自己立于不败之地的战法。

进一步剖析"未行军先行败路",会发现它强调的另一个要点是,在"失败思维"的基础上,还要知道"败"在哪里,只有知道可能"败"在哪里,才能做好防范。不难明白,如果我们知道自己会败在哪里,那我们永远不会去那个地方,或者说,如果我们清楚用某种方式做事一定会失败,我们肯定会避免采用该方式。

试想,如果我们事先没有想到会"败在哪里",或不清楚用某种方式做事会产生怎样的效果,那我们还会刻意去避免吗?当然不会!因为我们的意识里没有"先行败路"的底线思维,而是一味想着如何赢,以及赢后的美好时光。

公元前200年,西汉刚建立,国力还比较弱,但是汉高祖刘邦攻打匈奴心切。一次,他不顾前哨探军刘敬的劝解阻拦,轻敌冒进,结果中了匈奴诱兵之计,被围困于平城白登山。这一困就是七天七夜,让刘邦苦不堪言。为什么会出现这样糟糕的局面?一个重要的原因就是没有"未行军先行败路",违背了"先胜而后战"的原则。

曹操明知北方的士兵不习水性,却强行用铁锁连船渡江,结果呢,给了周瑜火烧连环船的机会,曹军因此大败,死伤无数。如果"先行败路",做好万一失败的周全准备,何至于输得这么惨,这么狼狈不堪!

生活中,类似的情况比比皆是。以炒股为例。很多人一头扎进股市,想得最多的就是"如何才能赚它20个点",而没有考虑糟糕的情况。结果,刚进去就赔了5个点。要加仓,还是割肉止损?心中根本没有底。带着这种思维去炒股,永远不知什么叫适可而止,赚了总想赚更多,赔了总想通过补仓来压低成本,以求尽快回本。结果,被越套越牢。那些被深度套牢的股民,大多都是用这种思维玩股票的,根本没有"未行军先行败路"的思维。

在工作中,我们也可以运用"先行败路"的思维来为自己保驾护航，只有先让自己长时间立于不败之地，才有可能最终获得满意的结果。特别是一些重要的活动，一定不能搞砸。因此，在工作过程中，要多运用"先行败路"的底线思维，着眼未来，防患未然，很多时候，你不犯错，事情就成功了一半。长久来看，只要降低失误率就是成功，就是赢家。

以底线思维化解风险

人生路犹如一条陌生的山路，哪里有坑，哪里有荆棘，自己往往并不十分清楚。要想在人生这条路上走稳、走快，一定要树立起底线思维，尽可能规避风险或者不利因素。

很多人在遇到看似难以解决的问题时，常常自暴自弃，甚至彻底放弃努力。其实，这是一种没有底线的行为。放弃，意味着即便有一天机会真的来临，也会与其失之交臂。有的人在名利面前毫无底线，敛财不择手段，虽然可能一时风光，却会由此输了整个人生。有的人做人做事不讲原则，没有立场，如墙头草，看似安稳，实则有极大的风险。

从安全的角度来看，底线思维是风险管理的界限，更是安全边际线。只有在方方面面为自己划出对应的底线，才能将自己框定在一个安全的"区域"内。

在现实生活中，我们该如何用底线思维来化解各种风险呢？可以从以下几个方面着手：

1.不踩法律红线

不论是个人还是团体，都要把自身的行为框定在法律、法规允许的范围内。如果某种行为触碰法律红线，即便再有利可图也不能做。经常有人在暴利的驱使下，做一些坑蒙拐骗、损公肥私等违法乱纪的事情，这就是突破了底线，踩了法律红线，轻则名利受损，重则遭遇牢狱之灾，有的甚至会搭上性命。因此生活中，一定要紧握法律的戒尺，规范好个人言行，知道什么事能干，什么事不能干，不要心存侥幸，去触碰法律的红线，或是打法律的擦边球。

2.守住道德底线

道德底线是指做人不可逾越的最低道德界限，是规范人的言行的最低道德要求。做人必须要有道德底线。一个人如果没有道德底线，什么坏事都敢干，肆意违背公序良俗，最终必然毁了自身。

日常生活中，要守好两条道德底线：一是不要损人利己。你可以"只扫门前雪"，但不能把雪堆在他人家门口。二是不要损公肥私。你可以不"锦上添花"，但不能把公园的花摘回家。除此之外，还要多做善事。《易经》中说："善不积不足以成名，恶不积不足以灭身。"多做善事，自然有好报，但行好事，莫问前程。

3.守好"常理"底线

社会是一个庞大的体系，有着形形色色的人和五花八门的事物，十分庞杂，对一些常理性的知识，一定要了解和掌握，要不然很容易被蒙骗。稍懂些物理学的人都知道，能量是守恒的。如果汽车跑一百公里需要消耗10公升汽油，通过技术改进等措施，可以让能耗降低至8公升、7公升，这是可能实现的。但如果有人告诉你：我现在有一种技术，可以让汽车每百公里只耗油0.1升。你要不要相信？如果不是混合动力车，就我们现在的科技水平，这种说法自然是不可信的。

再比如，有人曾提出一个大胆的设想：根据物理与化学的某些原理，可以只给汽车加水，就可以让汽车跑个不停。为什么？因为水可以分解成氢与氧，而氢与氧又可以发生化学反应，并释放出能量，这些能量可以为发动机提供动力。从纯理论的角度看，似乎没有什么毛病。但是，要把它变成现实，就不得不考虑一个定律：能量守恒定律。显然，它违背了这一定律。所以，这种"水变油"的做法只能是一厢情愿的美好幻想,但有些人还是会信以为真。究其原因,是对一些基本的常识缺乏认知。

类似的骗局在商业活动中较为常见,如很多人听信"暴利传说",把钱借给别人,通过"击鼓传花",最终可获得高额收益。结果,不但高额收益不见影,本金也是"肉包子打狗一去不回"。像前几年比较火的P2P网贷,引诱许多人上当,损失惨重。

4. 守好"逻辑"底线

任何事情都有其内在的逻辑。没有无缘无故的成功,也没有无缘无故的失败。不论做什么事,都要把握好其中的逻辑。以投资为例,投资某项目前,一定要弄清楚你要投资的项目是如何赚钱的,如何运营的。如果不清楚其中的赚钱逻辑就盲目投资,其中的风险可想而知。

5. 守好"能力"底线

谁都希望自己是人生的赢家,但一个人的能力毕竟是有限的,不可能什么事情都会。因此,一定要对自己的能力有一个清醒的认知。很多时候,我们遭遇职业风险、投资风险,甚至是人际风险,一个重要的原因就是对自己没有一个准确的把握,过高地估计了自己的能力。就如《红楼梦》中所说:"本身就是丫鬟的命,就不用去操主子的心。"过高估计自己,容易眼高手低,无形中会加大做人做事的风险。因此,一定要清楚自己的能力底线,并守好这条线。

6. 考虑"最坏"的结果

不论做什么事,事先都要预想一下最糟糕的结果是什么,以及自己是否有能力承受。如果不能承受,那就要谨慎行事。毕竟,没有什么事情是万无一失的。比如,你不想打工,一心想创业当老板,那么在创业之前,一定要考虑清楚:一旦创业失败,自己是否能够坦然面对。再如，有人投资买房、炒股，在追求高回报的同时亦要考虑：如果投资失败，自己是否能承受相应的后果。

如果连最糟糕的结果都可以承受，那么说明是有底线的，否则，就是在赌，赌赢了是故事，是传奇，赌输了，就可能是"事故"了。有的人举债投资，结果血本无归，他们输掉的可能不只是钱，还有自己的事业、家庭、朋友、前途，甚至是健康。所以，为了有效控制风险，做事前一定要考虑到"最坏"的结果，并给出有针对性的应对方案。

综上所述，凡事都要坚持底线思维，特别是那些刚毕业即将走入社会的年轻人，更要具备底线意识，守好各种底线，充分估计风险概率、程度，对可能出现的风险进行多角度、多方位分析，并基于最坏的可能性去设计相应的识别、研判和应对方案，掌握主动权，提高应对风险的能力。

|底|线|思|维|

用底线思维应对概率风险

如果某个事件在一定时间段内发生的概率很小，可以称其为小概率事件。小概率事件并非零概率事件。长期来看，只要具备相关因素和条件，小概率事件就可能会发生。小概率事件具有偶发性，但它一旦发生，也可能会造成大影响。

怎么办？可以用大概率思维来应对。用底线思维、统计学思维来分析事物发展趋势中的偶然性，找到必然性与多种随机现象之间的联系，进而做好对最坏可能性的预防，这就是大概率思维。不能孤立、静止地看待小概率事件，不能因为其发生的可能性小就放松对其的监测、预警和防范。

比如，胳膊上长了一个水疱，在家里，可能影响很小，甚至可以忽略不计。但如果在野外，比如山野或戈壁、荒漠，则需要引起重视，因为这个水疱有引起其他疾病的可能，甚至会危及生命。同样一个水疱，在家中和野外造成的后果可能完全不同。因为在荒郊野外，无法及时得到医治，各种不确定的因素会让不起眼的小风险成倍放大，并引起一串连锁反应。

任何一种风险，都是危险情况发生的概率和后果的结合。要避免风险，必须要重视危险情况发生的概率，即便是小概率也要给予足够重视。在安全管理行业，有一种"多米诺骨牌效应"的说法。一次不当的操作或轻微失误，都有可能成为触发后续一连串严重后果的第一张牌，进而影响全局或决定成败。因此，必须要规范操作，这是绝对不能踩的红线。从这个意义上说，底线思维才是防控风险的最佳"护城河"。

平时，用底线思维应对小概率事件时，需要做好下列四个方面：

1. 没有百分百把握，不要押上全部

平时，在做一些选择时，很多人喜欢赌。他们普遍相信坏事不会降临到自己身上。其实，这种做法风险极大。如果用概率论来"计算"这个世界，我们会发现，自己做的任何事情，其结果是否符合预期，都是有一定概率的，而不是百分之百的。从这个角度看，底线思维就是：除非有百分之百赢的机会，否则就不要押上全部的"赌注"。没有这种底线思维，你很可能永远没有机会再上"赌桌"。

生活中，有很多类似的例子。比如，有不少家庭主妇借钱做一些产品的代理，说白了就是想方设法发展下线。她们不清楚背后的骗人逻辑，幻想有朝一日可以做到更高的级别，从而躺着赚钱。殊不知，这只是一个美丽的梦。当她们为此开始四处借钱时，其实就已经陷入了一场不能自拔的赌局。

再比如，在房价一路高涨的前几年，很多人就想："如果多买几套房，岂不是赚疯了。还用得着辛苦工作嘛！"于是，他们四处借钱，和朋友借，和亲戚借，和银行借……结果，房价并没有像他们想的那样一路高歌，加之疫情的影响，他们面临断供的局面，于是，他们或者不得不断供，或者忍痛低价卖房，结果损失惨重。

现实生活中，即使真的有百分之百能赢的事，你能押上的"全部"，也只是相对的。比如，我们要把全部的精力投入到学习与工作中，显然，我们不可能一天24小时都在工作或学习，因为要吃饭，要睡觉。更何况，如果真的一天24小时投入，恐怕身体很快就会垮掉，原本花时间学习、工作是好事，现在由于用力过猛，反而坏了事情。所以，底线是一定要有的。

2.学会用概率思维做选择

当我们利用底线思维去抉择时，可以先列出所有的选项，和每一个选项所对应的结果，以及不同结果出现的概率，然后从中找出一种最坏的情况，看自己是否能够接受。

比如，有A和B两个选项：如果选择了A，未来不一定会得到a，但一定会失去b；如果选择了B，未来不一定会得到b，但肯定会失去a。这个时候，你就要权衡利弊了。

再如，你想投资理财。现在有两只基金：一只是债券型，一只是股票型。债券型的年回报率为5%左右，股票型的年回报率为50%，那你是不是一定要投资股票型的？因为它的回报率高。但是你要知道，投资和收益是正相关的。看到收益的同时，也一定要看到风险。有机会赚50%，也就有机会赔掉50%，收益与风险基本是对等的。所以，在选择的时候要综合考虑，最后选择一种既稳妥，收益率又尽可能高的理财产品。这即是底线思维的一种运用。

3.晴天修屋顶，顺境做规划

在应对小概率风险的过程中，要增强自身风险意识。不仅要关注眼前的利益和常规问题，还要时刻保持对小概率风险的敏感和警觉。这有助于及时发现和处理潜在风险。

2021年国家出台"双减"政策，很多培训机构应声倒下。就在人们猜测"新东方"将何去何从时，新东方董事长俞敏洪以极快的速度将家长和学生的学费退掉，并支付了几万员工的遣散费，成功实现"软着陆"，化解了这次危机。

"新东方"账上哪来这么多钱？

俞敏洪曾自嘲说，这得益于自己的"农民心态"。他说："我这个人比较保守，有农民心态，我常常跟员工开玩笑说'我就是个农民'，如果不在自己的床下挖个洞，埋点钱就睡不着觉。我的这种思维和习惯在这次危机处理中起到了比较好的作用,有了后续发展的资源和后续发展的动力。"正是这种在其他商业大佬看来有点不高级的"小农心态",帮助"新东方"挺过了"发生概率极小的巨大危机"。

是俞敏洪提前预测到了这次大"地震"吗?当然不是。而是不论发生哪种大地震,他都能最大程度确保自己和公司有能力应对。因为新东方的账上一直有钱。在教培行业快速发展的时候,"新东方"确实赚了一大笔钱,不论是董事会,还是股东,都建议俞敏洪将这笔钱花出去,那样,"新东方"股价就会翻一番。然而,俞敏洪却没有那么做,而是把钱存了起来,以备不时之需。没想到正是这种"农民心态"拯救了"新东方"。

这种"农民心态"反映的是一种底线思维——要让"新东方"的账上有足够的钱以应对可能的风险。正如俞敏洪所说:"如果没有钱,即使差3亿、5亿,如果我个人没钱,砸锅卖铁都没有的话,我现在可能都已经跳楼了。"

每个人的底线思维不同,拥有的抗风险能力也不同。底线思维缺乏的人,习惯按经验办事,容易忽略存在的小概率风险。底线思维意识强的人,会尽可能考虑到每一个风险点,并做好防范措施,不会等到小概率的风险真正发生时,才去想如何补救。

4.进行清单式管理

清单式管理是指针对某项工作或任务,制定一份详细的清单,以帮助执行者全面、系统地了解和掌握相关的知识和技能,从而更好地完成工作或任务。底线思维是基于对最坏情况的假设或预判,制定相应的应对措施和底线要求,以保障任务或工作的完成质量或效果。

清单式管理和底线思维可以结合使用,互为补充。清单式管理可以帮助执行者全面了解和掌握相关的知识和技能，提高任务或工作的完成质量和效果。而底线思维则可以帮助执行者制定相应的应对措施和底线要求，保障任务或工作的完成质量或效果。

尤其是在安全生产领域，清单式管理和底线思维更要结合使用。例如，在制定安全生产责任制度时，要制定相应的责任清单和任务清单，明确每个人的职责和任务。同时，也要制定相应的底线要求，如必须遵守的安全操作规程、必须配备的应急设备等，以确保安全生产工作的质量和效果。

在日常生活中，清单式管理也是一种有效的守底线防风险的方法。清单，原本是指详细登记有关项目的单子。在具体运用这种方法时，"有关项目"就是做好一件事情的原则底线和关键点。这样，我们就能明确自己工作和生活的重心，进而树立"要事第一"的标准。

总之，底线思维是一种"凡事从坏处准备，努力争取最好结果"的思维方法，它可以很好地控制风险、降低风险、应对风险，保障个人或组织稳定发展。

第五章

底线思维是回旋腾挪的权变性思维

底线思维是谋求主动、积极的权变性思维。它要弄清楚底线在哪里、超越底线的危害是什么，以及如何遵循客观规律、如何发挥主观能动性，进而如何获取较大自由发展空间。

备豫不虞,为国常道

人生之路不可能一帆风顺,难免会面临一些挑战和困难。在挑战面前,一味退缩不前,只会贻误战机;而盲目乐观,则常会遭遇打击。只有坚持底线思维,居安思危、未雨绸缪,把形势想得更复杂一点,把挑战想得更严峻一些,才能激发斗志,积极主动想办法,赢得先机,把握主动。

唐代的《贞观政要·纳谏》中说:"备豫不虞,为国常道。"其中,豫同"预",虞为预测之意,为代表治理。"备豫",即事先防备,"不虞"就是意料不到(的事物)。这句话的意思是:提前防备意外之事,是治理国家的常道。一个国家要想长治久安,就一定要在平时做好各种防范工作,以免在遭遇灾害、战乱时无法应对,危及国家、民族的存亡。

在我国古代兵法中,"备豫不虞"被视为立于不败之地的法宝。《孙子兵法》说:"用兵之法,无恃其不来,恃吾以待也;无恃其不攻,恃吾有所不可攻也。"意思就是:要克敌制胜,要先胜、全胜或不战而胜,不能寄托于别人不来攻击,而是要依靠自己充分的防范。《墨子》中说:"备者,国之重也。"意思是:预先谋划筹备,是执政者的重要工作。

"备豫不虞"是古人长期积淀的深邃智慧。"备豫不虞,为国常道"虽然出现在唐代,但早在春秋时期,就已经有了类似的表述。《左传》有言:"备豫不虞,古之善教也。"意思是说,提前做好准备,就没有忧虑,这是古代的好的教训。体现了写作者的底线思维:估算可能出现的最坏情况，并做好应对之策，才可能让自己免受伤害。

看下面这个例子：

鲁国正卿季文子即将出使晋国，他先派随从向人请教：出使期间，如果晋国发生国丧，应该用怎样的礼节。当时没有出现这种情况，随从很不理解。但季文子认为，做了准备而没有发生并没关系，如果出现了再临时请教就来不及了。

事情真如季文子所说，在他们出使晋国期间，无巧不巧，晋襄公崩殂了。虽然突遭晋国国丧，但因为事先做了充分准备，所以在礼节方面做得没有纰漏，顺利完成了出使任务。

很多时候，现实往往没有我们想象的那么美好，早在几千年前，古人就已经告诉了我们一个道理：人生不如意之事常十之八九。要应对这些"不如意之事"，首先你得想到它们，然后才能找到化解之策。可见，"备豫不虞"体现的是一种忧患意识，它让人心存敬畏，提醒人们时刻谨慎小心，提高警惕。同时，它反映出的也是一种精神、一种能力。

很多人一听说"要往坏处想"，便会产生疑问：不是说做人要乐观，要豁达吗？为什么要把结果想得那么糟糕？要始终相信美好的事物一定会出现在自己的生命中有错吗？对这些问题不能一概而论，要辩证地看待。

心理学家加布里·埃尔教授用20多年的研究和实践提出了著名的WOOP思维。其中，W（Wish的缩写）是愿望，O（Outcome的缩写）是结果，O（Obstacle的缩写）是障碍，P（Plan的缩写）是计划。WOOP思维代表的核心思想是：凡事要往坏处想，而且越坏越好！

为什么这么说呢？如果你总是把某一件事的预期想象得很美好，而忽视了事情潜在的困难和陷阱，这是非常危险的，也是极为不成熟的思考方式。

古今中外，有非常多的名言警句，都传递着对待生活要保持积极乐观心态的观点。它们有一个共同点，就是要着眼于事物美好的一面，在逆境中亦要保持乐观心态。这种积极乐观的心态，被称为"健康心态"。

但是，只要积极乐观就能实现美好愿景吗？显然不能。准确地说，只有在两种情况下，保持积极乐观心态，确实可能给人带来幸福美好的前景：一是人们内心的潜在需求，被积极乐观的未来前景给唤醒了，并由此找到了人生的意义和目标，激发了人们实现梦想的行动力，最终实现了梦想；二是在极端绝望的困境中，乐观心态能作为一种心理应急机制，帮助人撑过那段痛苦绝望的时期。

当有些事情超出我们的控制范围时，它产生的副作用也比较明显。比如，很多人都有期待和梦想，都有年度计划，但是随着时间的流逝，很多期待、梦想仍只停留在计划阶段，并没有变成现实，或者只实现了一小部分就因各种原因放弃了。

加布里·埃尔将这种"只计划不行动"的期待称为乐观幻想。为什么会出现这种只计划不行动的乐观幻想呢？他做过一次测试：他邀请一百多位女生，参与了一个关于高跟鞋的幻想。对女生来说，高跟鞋让人是又爱又恨，穿上高跟鞋后可以展现女性优美的身材曲线，与此同时，穿高跟鞋会给身体带来一些不适，这也是很多女性不愿意穿高跟鞋的原因。所以，他将参与测试的人分为两个小组：一个小组的女性只想象自己穿上高跟鞋的样子，并不真的穿上高跟鞋，而另一组的女性则会穿上高跟鞋。测试结束后，第一组的女性会沉浸在美好的想象中，而第二组的女性会回忆高跟鞋带来的痛苦。

为什么会出现这种情况呢？

因为只进行乐观想象的女生，她们在潜意识中已经完成了穿高跟鞋、变美丽的愿望，她们误以为自己的愿望已经实现了，因此大脑指挥身体开始放松，不必再做行动的准备工作。简单来说，就是身体被大脑欺骗了。

乐观幻想在短时间内可以缓解消沉的情绪，但是时间久了，由于没有采取行动去获得真正的成功，现实和理想的差距越来越大，消沉的情绪会再次袭来并变得严重。而且，沉溺幻想会让我们在搜集信息时，刻意多关注正面信息，而忽视负面的警告。不知不觉，我们就会对即将发生的事毫无心理准备。

因此，加布里·埃尔认为，所谓的乐观主义态度，更多的是乐观幻想，会让人从心理到生理层面，都缺乏行动的动力，让梦想离自己越来越远。显然，我们需要的并不是这种虚假的心理安慰。它会降低我们对困难的敏感度和心理预期，失去忧患意识，不利于树立底线思维。

有的人在遇到精神打击时，一时身心难以承受，甚至很长时间走不出来，就是因为之前没有心理预期，对困难估计不足。如果他们对最坏的局面有预期，并想到补救的办法，就不至于伤得太深。想一想，那些因为炒股赔钱动不动就跳楼的，动不动为情自杀的，无一不是将"结果"想象得过于美好，而一时无法面对最坏的情况。

做人做事如此，做企业也不例外。

"华为"是一家在国内外都知名的高科技企业，从创立之初至今，它经历了许多惊心动魄的时刻，度过了很多艰难岁月。每一次的挫折都只会让华为变得更成熟、更强大。

2022年8月23日下午，华为创始人任正非的一篇内部讲话在朋友圈刷屏。任正非在讲话中表示：未来十年，应该是一个非常痛苦的历史时期，全球经济会持续衰退。现在由于战争的影响等原因，全球经济在未来三五年很难好转。华为对未来过于乐观的预期情绪要降下来，未来三年，一定要把"活下来"作为主要的纲领，并把

"寒气"传递给每个人。

这篇讲话体现了任正非的底线思维——在全球经济将面临衰退的情况下,"华为"需改变思路和经营方针,从追求规模转向追求利润和现金流,以保证度过未来三年的危机。

任正非虽然已经70多岁了,但是依然思维敏捷,有着非常强的底线思维能力。不论公司面对何种重大成功或挫折,他都能始终保持冷静与克制。过去,不论"华为"的日子过得多么滋润,利润多么丰厚,他一刻也不敢放松,始终怀有忧患意识,而不像一些企业的负责人,一旦企业赚了钱,就开始变得高调、自我膨胀,到处夸夸其谈。任正非为人低调,常居安思危,正是这种行为习惯确保"华为"行稳致远。特别在是全球经济遭遇寒冬时,他的远见卓识和底线思维,让"华为"有了较强的自我调节和御寒能力。

"华为"的例子告诉我们,凡事做最坏的打算,做最好的努力,成功的概率反而更大。备豫不虞,绝不是一种消极、被动、防范的思维方式,也绝不是仅仅守住底线而无所作为,而是从底线出发考虑全盘问题,以扎实务实的精神主动出击、化解风险。

备豫不虞,才能安不忘危,防患未然,才能将风险化解在源头,才能从"最危险"到"最安全",才能从"底线"出发达成"上限"——看到"坏处",解决"难处",争取"好处"。

坚守，是为了更好地进取

在平时的生活与工作中，我们经常听到有人会这样说："大不了如何如何""即便情况再差，还能差到哪里"等，这既是一种面对困难与不确定情况的态度，也是一种底线思维，同时也是一种心理压力测试。

我们知道，底线思维是客观地设定最低目标，立足最低点，争取最大期望值的一种积极的思维方式，它不同于"破罐子破摔"。后者没有明确的心理定位，做事情没有边界感，容易让人变得萎靡，而前者不但强调边界感，还能给人以积极的力量。

为什么底线思维能够给人以积极的力量？因为底线思维是出发点，不是终点，是可以由下而上的，有巨大的发展空间。从这个意义上说，坚守底线，不是消极的"防守"，而是一种积极的进取。

有这样一个故事：

一家企业销售业绩不佳，经理做了一个临时的决定：年底只给员工发一个月的奖金，而不是事先定好的两个月奖金。当然，如果直接和员工说"年底只发一个月的奖金"，肯定会挫伤大家的士气，该怎么办呢？他想到了一个方法：通知全体员工，公司因效益不好，年底需要裁员。

他放出这个风声后，内部一下炸开了锅，搞得大家人心惶惶。过了几天，在员工大会上，经理对全体员工说："考虑到大家对公司的贡献，公司决定暂时不裁员了，但是需要大家齐心协力和公司共渡难关。"听说不裁员,大家都放下了心上的石头,这时,也不考虑年终奖金的问题了,毕竟现在的底线是"保住工作"。

春节将至,当所有人都不对年终奖寄予希望时,突然有一天,经理在公司群里下发了一个通知:所有员工到财务部门领一个月的年终奖。几乎所有的员工听后都欢呼雀跃起来。

在这个故事中,且不论公司经理的做法是否妥当,但可以肯定的是,他是一位玩转底线思维的高手——为了少给员工发年终奖,先是通过"裁员"之名来降低员工的预期,也就是让员工主动降低自己的底线,即"只要能保住工作,宁可放弃年终奖",然后再给超过员工最低期望的结果,即"可以领一个月的年终奖",从而让他们有种"意外收获"的感觉。

这与司马迁《史记·项羽本纪》中的"破釜沉舟""置之死地而后生"有着异曲同工之处。它们都是底线思维的现实应用。在工作生活中,我们也可以根据实际情况运用这一思维,其运作的逻辑是:先给自己设定一个最低点,也就是预设"最糟糕的情况",然后立足最低点或最糟糕情况,不断向上争取更好的结果。比如,工作不顺利时,与其担心出问题而缩手缩脚,不如给自己设定一个最低的目标,然后放开手脚去干,每取得一点超出自己预定目标的成绩,都是一种进步、一种激励。同样,在生活中如果遇到烦心事,与其整天郁郁寡欢,不如静下心来调整一下心绪,慢慢以乐观的态度去接受一些人或事。

史蒂夫·乔布斯是苹果公司的联合创始人,知名企业家,现代科技界最具影响力的人物之一。他是一位底线思维运用大师。他通过运用底线思维,积极进取,让"苹果"成为辨识度极高的品牌,也让自己成为"果粉教主"。

现在,我们就来梳理一下,看他都运用了哪些底线思维。

首先，牢牢控制"损益底线"。

日本索尼公司不但有多年制造精致消费电子产品的经验，而且拥有前卫的便携式随身听系列，是一家非常有竞争力的唱片公司。可以说，不论在硬件、软件，还是在设备与销售等方面，索尼完全不输于苹果公司。然而，它最终没有像苹果公司一样成功，一个重要的原因是索尼的业务和分支过于庞大，每个分支和业务都有自己的"底线"。如果它们不能被有效地整合到一起，为了共同目标而协同运作，必然会影响到公司的整体，事实上也确实造成了索尼的没落。

乔布斯并没有将苹果公司分割成多个自主的分支和业务，他牢牢地控制着所有的团队，并促使他们作为一个团结而灵活的整体一起工作，全公司只有一条"损益底线"，由全公司统一核算。这样有效避免了混乱。

其次，做自己控制得了的事情。

在做任何一件事情前，都要想到可能出现的最糟糕情况，这体现的就是底线思维。为了打造完美的产品，乔布斯有时非常固执，甚至一意孤行，只因为他有自己的底线，有自己的风险意识。在他创立苹果公司、NeXT公司和皮克斯公司的过程中，我们能清楚地看到这一点。他每次都会找合适的合伙人分担风险，同时将控制权牢牢抓在自己手中。如果对公司失去了控制，他会果断放弃，甚至卖掉自己的全部股份。他非常现实，把最坏情况排除掉，要做自己能控制得了的事情，这就是他的底线思维。事实证明，乔布斯做得非常成功。

再次，制定战略计划以实现底线。

在重返苹果公司之后，乔布斯在公司内部进行了大刀阔斧的改革，先后砍掉了70%不同型号的产品。在一次大型产品战略会议上，他在黑板上画了一个四象限，来对应公司的四项主营业务：消费级台式产品、消费级便携产品、专业级台式产品、专业级便携产品。在后来的董事会上,他再次介绍这个产品战略,董事会虽然没有公开投票赞成,但默认了他的这个战略。于是他带领团队勇往直前,并取得了巨大成功。

最后,使团队成员与战略底线保持一致。

在确立新的战略后,乔布斯将公司的工程师和管理人员集中在四个领域,分别为:专业级台式电脑领域、专业级便携电脑领域、消费级台式电脑领域和消费级便携电脑领域。在这四个领域,团队同心协力,共同发力,分别做出了较大的成绩。与此同时,乔布斯又果断退出其他业务领域,如打印机和服务器等。这样做的一个好处是为公司"新增"了一大批优秀的工程师,可以集中力量开发新的移动设备。后来的iPhone和iPad就是这个战略的成果。正是乔布斯让团队与战略发展底线始终保持一致,最终让苹果公司大获成功。

在激烈的商业竞争中,经营一家企业非常不易。想在商界立足,并基业长青,一定要具备底线思维,控制好成本,确定好利润线,综合考虑各种不利因素等,做到稳扎稳打,步步为营。

经营人生如经营企业,要做人生赢家,不能靠蛮力。许多时候,你做了多少事不重要,重要的是你做了哪些事。要清楚哪些事做不得,哪些事必须要做。如果守不住底线,往往会失去对事物的控制,甚至会陷入旋涡中——感觉被一股力量不断往下拉,完全挣脱不了,内心的防线极容易崩塌,进而产生"破窗效应",出现恶性循环。

所以,人生最要紧的事,就是守好一条条底线,踏踏实实地做好该做的,不越界不胡为,如此才能不断垒高人生之基,最终成为人生的赢家。

用多元化思维做事

多元化思维，顾名思义，就是从多个角度、多个层面考虑事情的思维形式，它的对立面是"单线思维"。单线思维容易形成"路径依赖"。当我们习惯于单线思维，某一天想要转换思维时，就等于脱离了业已习惯的"路径"，往往会带来心理上的不适感。

现实生活中，很多人习惯用单线思维做事，其中有些人一直在某个细分领域学习、研究、工作，期望成为该领域顶尖且有影响力的人。事实上，大多数的人都要面对社会与生活，如果只钻研一个领域，很多时候往往很受局限。比如，学设计，只对设计感兴趣，只研究设计，那么一生就只能是设计师，因为别的干不了。

仔细研究那些各个细分领域的成功者，他们能成为行业的领头羊，没有一个人是只会一种技能的，他们往往文科和理科都不错，他们的思维是多元化的。

有一句古老的谚语是这样说的："一个医生，如果他仅仅是一个好医生，那他就不可能是一个好医生。"为什么这么说呢，道理何在？如果一个人"仅仅"医学高明，那他算不上是一个好医生，因为一个真正的好医生，要具有多元思维，他会不断拓宽多领域的知识和视野来帮助自己更好了解病人，他会掌握心理学、社会学、概率学等领域的知识，来帮助自己做出更好的决策，开具更有实效性的处方。

因此，可以说，多元化思维也是一种底线思维——它决定了一个人的思维高度与能力上限。在多元化思维下，各学科之间并没有泾渭分明的界限，而是相互影响、相辅相成的。

现实生活中，经常看到这样的例子：一个人非常优秀，在某个行业干得很好，换一个行业，干得也不差。只要他的团队在，他的能力就在，他就能做出一些成绩来。不用多去考量他的思维，他靠的一定是多元化思维。

新东方教育科技集团旗下的"东方甄选"曾一度火爆网络。它之所以出圈，是因为它将"新东方"一贯的上课风格带入直播带货中，成为一股清流。在直播过程中，主播不会大喊大叫，也不会一味兜售商品，只是风趣幽默地讲课和真情实感地带货。

在这个直播间，卖货思维就是老师们平常给学生们上课的思维：搞笑的段子、精练的干货知识、双语教学和励志妙语。未曾想，如此的上课模式迁移到直播界，竟然也非常成功，并且与众多的直播间相比，拥有了一种独特的优势。

"新东方"创始人俞敏洪曾说："因为团队没散、魂没散，有人在就好办。东方甄选上的主播、老师们，原先有着百万，甚至百万以上的年收入，当主播以后，一年最多拿个二三十万，但是大家都愿意，说我们一起从零共同奋斗，奋斗成功了，那就是我们的成就。如果奋斗不成功，我们也心甘情愿，毕竟跟着俞老师进行了一次新的开拓。"

"东方甄选"的出圈，与其说是"从零共同奋斗"的结果，不如说是成功运用多元思维的杰作。有一句谚语说："在手里拿着铁锤的人看来，世界就像一颗钉子。"试图用一种方法来解决所有问题，是一件愚蠢的事情。

多元思维反映了一个人的思维质量和思考深度。从哲学的角度看，这个世界是普遍矛盾的，存在着很多矛盾的事情，任何人做的每一件事都有好有坏。包括怎么看待、评价一个人，看待一个事物的好坏，等等。这也反映了多元思维的存在和作用。事实亦证明，只有调动多元思维，才能提高做事情的容错率，使决策更加合理。

投资大师查理·芒格也是多元思维的践行者。他采用"生态"投资分析法的理由是：几乎每个系统都会受到多种因素的影响，所以若要理解这样的系统，就必须熟练运用来自不同学科的多元思维模式。

多元思维之所以重要，一个重要的因素是有助于我们找到"交叉点"，从而利于优秀的创意诞生。也就是说，多元思维不但可以帮助我们解决难题，而且还是创造性想法产生的前提。这里需要注意的是，并不是所有多元思维都可以产生杰出的创意，因为创造性的想法必须具备三个条件。

第一，创造性想法必须是新颖的。这里的"新颖"指"自己知道，而别人不知道的事情"，如果"自己不知道，而别人早都已经知道了"，就算不上创新。例如，当电商没有出现时，你想出了搭建网购平台，那就是创新，但如果网购形式已经出现，而你只是做了某个品类的网购平台，那就不算是创新，而是复制。

第二，创造性想法必须是有价值的。如果创新没有任何可利用的价值，那么它就没有存在的意义。

第三，创造性想法必须是可实现的。即你的创意不能没有可操作性，不能只是凭空想象，要切实可行，具有操作性。

总之，多元思维是一个非常有价值的动态思维方法，能够带给我们更多的思考，能够让我们在困难面前有更多的选择。如果想筑牢自己的能力底线，想多一些回旋腾挪的空间，那么一定要有意识地培养自己的多元思维。

因人因事灵活调整底线

做人做事不能没有底线。没有了底线,也就没有了衡量对与错的尺度。人是具有社会属性的高级动物,时时事事都要受到社会公认的法律和道德等准则的约束,不可能游离于社会之外。如果自己都不知道哪些事该做,哪些事不该做,或者拿捏不好做事的尺度,那行事很可能就没有底线。没有底线的行事,无异于行走在悬崖边缘。

事实上,几乎每个人都有自己做人做事的底线,且底线有高有低。同时,每个人坚守底线的态度也是不同的。比如,有些人会拍着胸脯说:"我是一个有原则、有底线的人,在这件事情上,即便给我再多的钱我也不会干!"听上去,底线确实够硬、够高。事实呢?只要诱惑多一点,他们的底线就会低一分。

有人在街头做过一个有点无厘头的测试:随机找一些路人,分别向他们提出一个"荒诞"的问题:"如果给你100万,你愿意裸奔吗?"

大部分人都会说:"当然不愿意啦!"给出的理由无非是"我不缺钱""那多丢人呀""有钱有什么了不起"等。

只有少数几个不情愿说"不",心理似乎在纠结:能不能再抬高些价码?

如果是1000万呢?是不是还会有那么多人说"不"呢?可能人数会有所减少。当然,毕竟这只是一个随机测试,即便你说1个亿,很多人还是会一本正经地说"不",毕竟大多数人都是有底线的人,都要保留自尊。但也不能否定有一部分人受金钱诱惑而"豁出去"。

可见,"底线"不是固定不变的,而是时高时低的。特别是在巨大的诱惑或利益面前，有人会不自觉地放低底线，甚至变得毫无底线，其潜在的逻辑就是"只要让我……即便……我也……"。

这种现象在生活中很普遍。比如，有的人学历挺高，能力也不差，还有过在大公司从业的经历，即便其所在行业的就业形势不容乐观，就业时底线也不会松动："年薪50万起步，其他福利待遇一样不差。"一个月、两个月，没有找到合适的工作，半年后，就可能自降身价："年薪30万就好。"如果30万也没有公司愿意出（因为同等条件，20万就可以搞定，为什么要多花10万？），这种情况下，他会再次降低要求："20万就20万，闲着也是闲着，有工作干总比没工作干好。"

其薪资底线从"年薪50万"一直降到20万，你能说他是一个没底线的人吗？当然不能。只能说，有时底线是可以调整的。同样的道理，企业用人的底线也会随着就业市场的供求关系不断做出调整。如果某类人才奇缺，物以稀为贵，企业就需要开出高于市场平均水平的薪资吸引人才，反之，会尽可能压低薪资，以降低用人成本。这时，"用人成本控制在……"或是"员工平均薪资水平不得超过……"就是企业的用人底线。

当然，相较这些可以往低调的底线，有些底线更适合往高调。最典型的就是道德底线、行为底线等。

有人可能会说"底线低的人都不道德""道德底线低的人吃得开"，或者说"底线越高越好"，理由是：道德底线低的人有时比道德底线高的人占优势，你做不出来的，他做得出来。

其实，这个问题不可一概而论。有的人底线很高，你随便开句玩笑，他立马和你翻脸，你说这样好吗？有的人底线很低，整天嘻嘻哈哈，即便有人对他言语不敬，也不当回事，这样好不好呢？

可见，底线太高不一定好，太低了也不行。那多高才算刚刚好呢？这要因人因情因事而定。

万通集团创始人冯仑早期下海经商时，有过一些特殊的经历，比如坐过牢，后被无罪释放，还差点因为误诊而截掉一条腿。他一路走来，可以说非常不易，从借来的3万元起家，到赚第一桶金300万，再到创建"万通地产"，38岁步入人生巅峰，身价几十亿。

据他在《扛住就是本事》一书中介绍，在最困难的时候，他连回北京的一张车票都买不起，又不知该找谁借钱。有的债主怕他会借钱不还，随同他一起回到了他租住的房子，看到他打地铺吃泡面，看书，被这种不屈不挠的精神打动。

这些情节是很多人不曾想到过的，毕竟，大家看到的更多的是他成功的形象，而不是低头求人的姿态。可以说，为了折腾出点成就，在很多事情上，他都一直在硬扛，扛不住，底线就破了，局就破了，谈资就散了。所以说那个时候，形势不允许他拔高自己的底线，而只能降，降到不能再降为止。这体现了他身上固有的一种强大的韧性。

大凡在工作、事业上有所建树的人，身上都有类似的特点，就是能忍常人之不能忍，能为常人之不能为，有时他们的底线高不可攀，有时，又常会被人所诟病。

刘邦就是这么一个"狠人"。年轻的时候，虽然每天吃吃喝喝，有点不务正业，但还是有一点追求的。为了能过上像秦始皇那样的生活，他舍弃了很多东西，甚至包括做人的底线。有一次，他与项羽对垒。项羽威胁他说，要拿他的老爹煮汤喝。结果，刘邦非但没有生气，还对项羽说："我和你是结拜过的兄弟，我爹就是你爹，等你煮好了分给我一碗。"

在今天这个繁荣喧嚣的社会，人们的底线意识和底线思维更清晰了，已经清楚地认识到——人生的起跑线就是人生的底线，就是做人的道德素质和思想境界。靠"厚黑"，或不择手段，不可能获得长足的发展。不论在职场还是商场，不论贫穷还是富裕，都要有自己的底线，并能根据具体情况灵活调整自己的底线，从而更好地控制和处理风险，让自己的人生更从容。

第六章

底线思维是退无绝路的底牌性思维

底线之所以不可逾越，就是因为它是向坏的质态蜕变的临界点。要防止事物的质态改变，一定要守住应有的底线，把它控制在适当的"度"的范围内，这样才能给自己留有余地。

"差不多"其实是差很多

在我们的工作生活中，常常会听到这样的话："哦，差不多就可以了，为什么那么较真""工作差不多就这样了，大差不差""这个工作大概也就这样了，估计也差不了多少"。

如何理解这些话的意思呢？

通常有两种理解：一种是"的确差得不太多"，或是"已经有了90%以上的把握"；另外一种是"不知道到底差了多少"，或"不知道会不会有一个好的结果"。

这又该如何理解呢？

实际上，不论是哪一种情况，"差不多"其实都是差很多。胡适先生在《差不多先生传》中，曾描述过一位"差不多先生"，他代表了一种做事缺乏底线思维的作风。在这位"差不多先生"眼里，白糖和红糖差不多，十字和千字差不多。他的口头禅是："凡事只要差不多就好了。"最终因为马马虎虎找了个医生，而让自己的生命归西。

故事寓意深刻，映照出不少人的现实状态。例如，在找对象这件事上，有人会说"宁缺毋滥"，凭什么一定要降低自己的要求呢？宁可不找，也不能委屈自己。当然了，也有人会说"差不多就行了""人要现实一点，反正就是两个人搭伙过日子"。

再如，在找工作的时候，有人劝你"找份工作先做着再说"，也有人劝你"一定要找专业对口的，要不书白念了"，还有人劝你"不要去打工，一定要考编"。

其实，不论是找对象还是找工作，或是做其他什么事情，最根本的还是要看自己的想法。如果有明确的底线、原则，那做事就相对比较稳妥，相反，如果凡事"差不多就好"，那很可能会经常凭感觉做事，没有清晰的为人处世的原则与底线。

同样一件事情，你抱着"差不多"的心理去做，和有清晰底线思维去做，结果往往大相径庭。事实证明，应用底线思维去做事，才最稳妥。

一对好朋友A和B毕业于同一所学校。A说，目前经济情况不太乐观，想搞点副业做，但是苦于没有任何经验，也不知道该做什么好。B则对自己未来五年的生活做了一个完整、详细的规划，不仅逻辑清晰，而且符合现实，操作性强。

A不断寻找可做的副业，觉得只要有钱赚，做什么都行。而B则是一步一步落实自己的规划，期间遇到问题，就想方设法去解决，稳扎稳打向目标前进。

换个角度审视，发现A一直抱着"差不多"的心态做事，而B则是规划出行动方案，然后按照方案朝着目标前行。两年后，B有了明确的奋斗方向，且事业小有成就，而A还在不断找着能干的副业。可见，两人之间存在最大的差距，是思维的差距。

"差不多"现象，其实也反映了一种不负责任、一种敷衍了事、一种一知半解的人生态度。人生可以一次二次"差不多"，如果次数多了，注定会偏离人生的航向。所以，必须摒弃"差不多"思维，杜绝"差不多"行为。

"差不多"意味着我们对事情的要求没有达到应有的标准和高度，容易在细节处产生错误和疏漏，导致最终的结果不尽如人意。为此，我们要把握好三点：

第一点，做事应该有一定的标准和要求。我们应该对自己的工作或者生活有一定的目标和期望，并且为之努力和奋斗。如果我们只是追求差不多，就会导致我们的标准和要求过低，最终的结果也会不尽如人意。

第二点，做事应该注重细节和精度。细节决定成败，精度体现水平和能力。只有注重细节和精度，才能保证我们的工作或者生活达到应有的水准和品质。如果我们只是追求差不多，就容易忽略细节和精度，最终可能会产生麻烦和损失。

第三点，做事应该有一定的原则和底线。我们应该有一定的道德准则和职业操守，不能因为一时的利益而违背自己的原则和底线。如果我们只是追求差不多，就容易在原则和底线方面产生模糊和不确定性，最终可能会导致我们的信誉和形象受损。

我们的职业发展和个人成长需要追求卓越，因此做事一定要讲底线，不能差不多。只有始终坚持高标准、严要求，注重细节和精度，并不断地挑战自己、提高自己的能力，才能在职场和生活中获得更好的机会，也才能实现个人和事业的同步发展。

守底线，不是降低标准

我们知道，底线思维是客观地设定最低限度，立足最低点，争取最大期望值的一种积极思维，它是保持定力、有条不紊开展工作的重要思维方式。其中"底线"是不可逾越的界线，是事物发生质变的临界点，一旦底线被突破，会产生意想不到的危害，甚至是难以承受的后果。但是不应把底线视为"低线"。

1.守底线不是躲避麻烦

很多人认为，守底线就是看好摊子、守住地盘，避免风险和麻烦。其实不然。守底线是指保持最低标准，确保不被突破，而守摊子则是指维持现状，不愿意做出改变或冒险。守底线是一种积极的态度，而守摊子则是一种消极的态度。守底线意味着不断努力，不断进取，以保持自己的地位和优势，而守摊子则意味着放弃努力，放弃进取，任由自己的地位和优势被别人超越。守底线可以帮助你在竞争中保持优势，而守摊子则可能导致你在竞争中失去优势。总之，守底线是一种积极进取的态度，是一种对自己和他人负责任的态度，而守摊子则是一种消极退缩的态度，是一种对自己和他人的不负责任。

比如，在食品安全方面，守底线意味着要确保食品的质量和安全，防止食品中的有害物质超标或含有病毒、细菌等有害物质。而守摊子则是指为了降低成本而采用劣质原料或不当加工方式，或者不积极采取措施改善生产工艺和流程，只希望能保持住原有的部分。

再如，在工作效率方面，守底线是指要按时完成工作任务，达到工作目标。而守摊子则是指不积极进取，不愿意主动改进工作方法和流程，进而影响到工作效率和质量。

所以，不能将底线理解为工作上的"低标准"，道德上的"低要求"。底线是不可逾越、不可踩踏、不可触犯的界线，是不可推卸、不可含糊、必须承担的责任。它首先要求明确界限，然后要求严守、敬畏。它与标准高低是两回事。如果将底线视为"低线"，总是盯着最低标准，不仅离真正的高线相去甚远，甚至会突破底线，酿成不利后果。

2.底线思维内含高线追求

底线思维中暗含了对高线的追求。毕竟，一味靠被动地守，是守不住的。进攻是最好的防守，在底线的基础上要不断追求高线，在达到高线的过程中，再不断地提升底线，以此相互促进，而不能将守底线理解为降标准。

比如，公司A和公司B都生产同一类型的产品，但公司A的市场份额比公司B要大。在激烈的市场竞争中，公司A为了节约生产成本，增加利润空间，采取降低售后服务质量与产品标准的策略。相反，公司B制定了守底线策略，即在保持适当利润空间的前提下，最大限度地提升产品质量与售后服务质量。

一段时间后，公司A的市场份额，及产品美誉度开始逐渐下降，而B公司因为提供了更好的产品和服务，市场份额不断增加。

从这个案例可以看出，守底线不是降标准。守底线可以帮助竞争者在竞争中保持优势，而降标准可能导致竞争者在竞争中失去优势。也就是说，牢牢守住底线是底线思维的根本，但不是根本目的。

底线思维是一种积极进取的思维方式，它不仅要求确保底线安全，而且要在此基础上追求更高的目标。要做到这一点，在实际行动中，要把握好以下几点：

一是明确并坚守标准。在工作过程中，要明确工作的最低标准，并确保工作达到这个标准。同时，要坚守这个标准，不能因为任何原因而降低标准。

二是持续学习和提高。要不断学习和提高自己的专业技能和知识水平，了解和掌握最新的行业和专业知识，不断提高自己的工作能力和水平。

三是规范执行流程。在工作过程中，要严格按照制定的流程和标准工作，不能省略或跳过任何步骤，也不能随意更改流程和标准。

四是定期检查和评估。要定期检查和评估工作的情况，包括工作的进度、质量、效果等方面，及时发现和解决问题，确保工作达到最低标准。

五是接受监督和建议。要积极接受来自上级、同事、客户等方面的监督和建议，主动改进自己的工作，提高工作质量和效果。

通过上述措施，可以更好地坚守底线并确保工作不降标准。

总之，守底线是为了补短板、过险关、冲高线。在工作中，要坚持底线思维，不回避矛盾，不掩盖问题，凡事从坏处着眼，努力争取最好的结果，做到有备无患，牢牢把握主动权。而不是见了问题绕着走，凡事"差不多""过得去"就行了。只要守好了底线，就有了前进的底牌，就有了成功的可能。

守住了底线，就守住了根基

底线就像一道防线，保护着我们的人格尊严、道德品质和合法权益。如果一个人的行为突破了底线，就会失去他人的信任和尊重，之前的努力和成就也可能会被否定。

在生活中，如果我们不遵守道德准则和法律法规，就会失去他人的尊重和信任，也可能会受到法律的制裁。在工作中，如果我们不遵守职业道德和行业规范，就会失去他人的信任和尊重，也可能会影响职业生涯的发展。

所以，我们应该时刻保持警醒，坚守自己的底线，不越雷池一步。只有坚持自己的底线，才可能赢得他人的尊重和信任，也才可能在事业和生活中取得更好的成就。底线破了，做再多的事情也可能要归零。试想，如果一个人丧失了做人的底线，他会变成什么样子？

现实中，有很多这样的例子。

王峰一直认为自己是一个有底线、讲原则的人。他毕业于名牌大学，刚30出头就担任一家公司的副总，可谓是同龄人中的佼佼者。因为公司给他提供了施展才华的平台，他立志要干出一番事业。也就是从这个时候起，他经受了一次次人生的考验。

2018年初，王峰当上副总不久，一些客户为了获得公司的订单，向他行贿，开始他婉言谢绝，后来，他慢慢动摇了。不承想，有了第一次，就有第二次，欲望的"潘多拉魔盒"一旦打开，就很难合上。

在之后的几年，他先后收受了客户近200万元的礼金，吃了100多万元的回扣。由于客户提供的材料不合格，给公司的经营带来了一定的损失与风险。即便如此，他还不收手，一次次与客户达成"默契"合作。只要有好处，他就会给客户行方便。

在贪欲面前，王峰没有守住底线，并让底线一降再降，最终全线失守，结果锒铛入狱。

不可否认，王峰能力出众，是难得的人才。但是，因为守不住底线，有了错误的底线思维，让自己在犯罪道路上愈走愈远。

当然，很多时候，底线失守并不意味着一定违纪违规，多数情况是缺少定力与自律，面对诱惑不能果断说"不"，进而做出一些不应该做的事情来。或是没有能力达成某件事，为了掩人耳目，要么降低标准蒙混过关，要么凑合、将就。这样做的后果，往往是前功尽弃。

比如，你是一名建筑设计师，你的底线是不能设计出不符合建筑规范要求的建筑物。但是，由于某些原因，你设计的建筑物中出现了一处不符合建筑规范要求的地方，这时，你的底线已经被突破，你的工作就失去了意义和效果。

怎么办？有这么几个措施：

首先，立即停止工作。当你发现底线被突破时，要立即停止工作，并通知相关方面，包括上级、同事、客户等，说明问题所在，并采取措施进行补救。

其次，找出问题所在。要仔细检查和分析工作过程，找出导致问题产生的原因，并进行深入分析。

再次，制定并执行补救方案。根据问题的具体情况，制定相应的补救方案，包括修改设计方案、重新施工等。在制定措施时，要确保方案具体、可行、有效，并能够达到最低标准的要求。然后，按照制定的补救方案进行工作，并在执行过程中进行监督和检查，确保工作的高质量完成。如果有必要，可以进行多次补救，直到达到最低标准的要求。

最后，总结经验教训。在补救工作完成后，要总结经验教训，找出问题的根源和原因，并采取相应的措施进行改进和预防，避免类似的问题再次发生。

通过以上步骤，可以更好地坚守底线，确保工作的高质量和最佳效果。

底线是我们做人的尊严，是我们为人的底气，更是我们做事的底牌。很多人失败了，不是因为能力不够，也不是因为运气不济，而是因为没能很好地应用自己的底牌。

在实践中控制底线、守好底线

先来看一个案例：

上海外白渡桥是连接上海黄浦区与虹口区的过河通道，位于苏州河汇入黄浦江口附近，是我国第一座全钢结构铆接桥梁和仅存的不等高桁架结构桥梁，也是上海的一处地标性景观。它的沧桑、古朴和独特构造，令人感叹。每天，桥上车来人往，川流不息。

该桥于1907年建成并投入使用，全长107米，总宽18.26米，车行道宽11.06米。虽然从计划建设到最终建成历时20年，可谓历经坎坷，但恰好赶上了电车通车，工程终于顺利收官。这座桥梁在建设过程中也经历了各种困难和挑战。

2007年底，上海市政工程管理局收到一封寄自英国名叫华恩·厄斯金设计公司的来信。信中写道：外白渡桥是按使用期限100年设计的，到现在正好100年，请注意对该桥维修。信中特别提到：在维修时，一定要注意检修水下的基础混凝土桥台和混凝土空心薄板桥墩。

随同此信一起邮寄来的，还有一张该公司当初为上海市政工程管理局设计的外白渡桥全套图纸。

虽然大桥到了使用年限，这家公司内部人员换了一代又一代，当初的设计者也早已去世，但该公司一直坚守自己的服务底线。他们也可以不这么做——毕竟，桥过了使用年限，公司无须为出现的风险承担任何责任。

可见,不论是企业还是个人,要想在社会立足,并赢得好名声,一定要具备底线思维,并能始终坚守应有的底线。

1. 筑牢思想防线

要坚守底线,首先要筑牢思想防线,因为思想观念是一个人的行为基础和前提。平时,要通过树立正确的价值观、增强自我约束力、保持警醒和反思、拒绝不良诱惑、学习榜样和典型等方式,不断提高自我防范能力和自我完善能力,使思想始终保持清醒和坚定。

很多贪官之所以一步步滑向堕落的深渊,一个主要的原因就是缺少必要的底线思维。他们在忏悔时说得最多的就是"思想放松",或是"原则性不强"。他们往往因为职务、权力等因素,而放松自己的思想,认为自己可以凌驾于法律之上,可以逃避法律的制裁。但是,这种想法是错误的。法律是公正的,任何人都不应该违反法律。如果贪官没有底线思维,那么极易在追求权力和金钱的过程中,滑入万劫不复的泥潭。

做任何事情,都要筑牢思想防线。一旦思想放松了,底线就容易被突破。因为当一个人思想放松时,他的警惕性就会降低,就容易受到各种诱惑和干扰的影响,进而做出一些违反道德和法律的事情。这些行为一旦发生,就可能会对个人和社会造成严重的后果。

2. 克制自己的欲望

古人云:"欲生于无度,邪生于无禁。"不正当的欲望是进步的最大敌人。如果一个人有太多的欲望,就容易迷失方向,失去自我控制,进而做出一些违反道德和法律的事情。因此,守底线需要克制自己的欲望。

一些媒体曾报道,某地有一姓陈的官员,人送绰号"三敢书记",为何有此绰号呢?原来是"什么酒都敢喝,什么钱都敢收,什么人都敢用"。由于特别喜欢喝国外的一款"蓝带"啤酒,于是又被人加授"蓝带书记"。他甚至将"会喝酒、酒量大"作为选拔人才的一条重要标准,提出"喝得满地爬,这样的人才要提拔"的口号。试想,这样的官员能不出事吗?果不其然,因贪欲过强,且不注重自身管理,他逐渐走上违法犯罪的道路,最终受到了法律的制裁。

平时,我们要学会控制自己的欲望,不要让欲望左右自己的行为。当欲望产生时,要学会审视和调整自己的心态,控制自己的情绪和行为,避免因一些短暂的名利诱惑而放弃自己的底线,进而做出违反道德和法律的行为。

3.做到防微杜渐

有道是"不虑于微,始成大患;不防于小,终亏大德"。小节一松,大节难保。在任何时候都要保持头脑冷静,做到"慎思、慎微、慎言、慎始"。在平时的生活和工作中,要注重细节,警惕问题的萌芽,及时采取措施加以纠正,以避免情况向不好的方向发展。这种思维方式可以帮助人们更好地预见和处理潜在的风险和危机,避免在追求目标的过程中因为细节的疏忽而产生不良后果。

有这么一个寓言:一次,一个偷针者和一个偷牛者一起被游街。偷针者感到委屈,发牢骚说:"我只偷了一根针,为什么和盗牛贼一起游街,太不公平了!"盗牛者对他说:"别说了,我走到这一步也是从偷针开始的。"

这个寓言告诉我们,事物都是由小变大,由量变到质变的。古人说"千里之堤,溃于蚁穴""小洞不补,大洞吃苦""勿以恶小而为之,勿以善小而不为"等,说的都是这个道理。

明朝御史张瀚在《松窗梦语》中记述了这样一个故事:

张瀚初任御史参见都台王廷相时，王廷相给他描述了一桩见闻：昨日乘轿进城遇雨，有个穿新鞋的轿夫，他从灰厂到长安街时，还择地而行，怕弄脏新鞋。进城后，泥泞渐多，一不小心踩进泥水中，便"不复顾惜"了(就是不再有顾虑、不再珍惜了)。

最后王廷相总结说："居身之道，亦犹是耳，倘一失足，将无所不至矣！"张瀚听了这些话，深有感悟，"退而佩服公言，终身不敢忘"。

后来，张瀚升任明朝吏部尚书，建树颇多，与他牢记这些话，并不越雷池一步不无关系。

这个故事说明，人一旦"踩进泥水坑"，之前的戒备之心往往就放松了。反正鞋已经脏了，一次是脏，两次也是脏，于是便"不复顾惜"了。

很多人起初在工作中兢兢业业，做事有原则有底线，但是，偶然一不小心踩进"泥坑"，就从此放弃了自己的操守，破罐子破摔了。正所谓"小节不拘，终累大德"，许多突破底线的事情都是从一些小事开始的，积小成大，积少成多，最后以至于身不由己、欲罢不能，一发而不可收。所以，勿以恶小而为之，要防微杜渐，不可掉以轻心。

4.要勇于攻坚

有一点要清楚，坚守底线不是墨守成规，而是要勇于攻坚。方法有二：

一要积极预防。预防有两种，一种是积极预防，一种是消极预防。消极防御也叫专守防御，实际上是低等防御，只有积极防御才是真正的防御。积极能动地坚守底线，可以更加有效地维护底线，争取主动。

二要敢于斗争。守住底线应当从积极的斗争中取得，要"直面重大问题，勇于闯关夺隘"，敢于直面重大矛盾，敢于较真碰硬。

底线，一定程度上可视为保障和成事的底牌。守好了底线，一定程度上也就保障了安全，有了后退和腾挪的空间，不至于退无可退，然后在此基础上可以谋求更大的发展空间。

下 篇

事有底线：善用"底线思维"解决问题

第七章

创业的底线思维——生存为要,团队第一

> 创业成功是小概率事件,它比打工更需要底线思维。创业的首要一点是要保证先"活下来",只有先生存下来,才能谈发展。而生存的核心要素,是人,是团队。

|底|线|思|维|

创业成功是小概率事件

很多企业家是在经历了多次挫折和失败后才取得了成功,而更多的人则"倒在"了创业的路上。无数事实证明,创业成功是小概率事件,失败才是更多人的经历。

埃隆·马斯克在创建特斯拉和SpaceX公司时,面临巨大的挑战和风险。他需要不断地融资来支撑他的项目,还需要面对技术、市场和竞争对手等多方面的挑战。最终他挑战成功了,成为了一位备受瞩目的企业家。

创业从来都不是一件容易的事,95%的创业公司会倒在创业的路上;互联网公司的平均寿命只有3年。很多人看了一些励志书,一些成功故事,立刻热情高涨,脑袋一拍就想创业。一没足够的资源,二没深厚的人脉,三没雄厚的资金,靠什么和别人竞争?

我们可以观察一下自己居住的小区周边,是不是有这样一种现象:不少店铺关了又开,开了又关,或者不是在转让,就是在出租,即便有的店铺生意挺红火,老板也是换了一个又一个,为什么?最主要的原因是赚不到钱!如果创业真的那么容易,为什么有那么多创业者"倒在"了创业路上?但很多人还是张口就来:随便开个店,勤奋一点,哪一年不赚个百八十万?事实呢?赚钱的只是少数中的少数。

这些人不相信赚钱这么难,同时也看不清自己的实力,认为创业做老板有胆量就行,于是盲目地加入到创业队伍中去,结果创业不久就尝到了苦头,但不自省,还想继续尝试。比如,有的年轻人打了几年工，有了一些积蓄，便有些不安分了，开始尝试着小本创业，开一家餐馆、一家服装店、一家打印店、一家便利店，或者一家理发店。但是，在经营一段时间后，发现没有预想的那么容易。接下来，便到处报班、听课、取经，希望学点生意经回来，结果又花出去不少。专家讲的听上去对极了，但就是落不了地。于是，他们不怀疑自己，开始怀疑专家说得是否靠谱，而专家会说，是你们脑子不灵光，不是创业的料，听我课的世界500强高管多了去啦。事实上，专家还真说对了，如果真是那块料，也不会花几千上万块，甚至更多，去学那些多半没用的所谓商业课。

不可否认，有些创业者的成功多少有些运气的成分，但运气只能作用一时，不可能长久，更何况运气还有好坏之分。碰到好运气固然可喜，但遇到坏运气呢？

创业是需要一些闯劲的，即便有好运气的眷顾，也不能无脑式地蛮干、硬闯，那样只会碰得"头破血流"。事实也证明，这种干法成功的概率低得吓人。

真正善于创业的人，一定会充分考虑创业的风险，并为自己设置风险底线——会再三权衡每一件事，分析利弊，做到心中有数，尽可能避免无谓的牺牲。

表现在具体的创业活动中，就是会运用底线思维去做一些事情。

1. 不碰陌生行业

有句话叫"做熟不做生"，用在创业上，就是尽量不去碰不熟悉的行业，而要选自己熟悉的行业。毕竟隔行如隔山。这是成熟的创业者普遍坚守的一条创业底线。很多创业者不会为自己设置这样的底线，他们对一个行业略知一二，有了一些想法后便会去尝试。比如，有人见别人做某个项目赚了钱，就心里痒痒，于是一头"扎"进去，结果赔得想死的心都有了。如果心中有清晰的底线，是不会犯这种低级错误的。问他下次还跨界、隔行创业吗，他多半会说"不啦，不啦"，吃一堑长一智。有性格拧的人，一试再试，不撞南墙不回头，最后撞得都不知道自己是谁了。

很多创业者都喜欢关注风口行业，只看别人赚钱的表象，而不看背后的、底层的东西。当然，有人会故意让你看到他做某个项目很赚钱，为什么？多半是为了吸引你进来接盘，他好套利离场。如果生意真的赚钱，他会千方百计不让人知道的。

2.选址要宁缺毋滥

很多人都想着：开家小店就好，赚不赚钱无所谓，关键是不用给别人打工。小生意就一定容易吗？不一定。很多小生意看似不难，有点生意头脑的就能操持，其实真没那么简单。其中，选址就有很多学问。有头脑的创业者在选址方面是宁缺毋滥，如果找不到好的店面，宁可不做，也不会退而求其次，为了便宜的租金，而去经营一家地址不太理想的店面。也就是说，他们在选址方面不将就。这也是有些店面长期租不出去，或是隔三差五就更换店主的原因——老手不愿意租，新手图便宜，却赚不到钱，经营一段时间就不得不放弃。

3.线上线下融合

线上线下融合是当前许多企业正在探索的一种商业模式。这种模式可以扩大企业的销售渠道，提高企业的知名度和曝光率，提高企业的服务质量和效率。特别是在今天，做生意一定要考虑线上线下融合，如果只做线下生意，很难有更好的机会。毕竟，线下生意具有很多局限性，如受地域限制、难以扩大市场规模、宣传成本过高等。而线上生意具有便捷性、低成本、易于推广等优势，可以极大地扩大企业的市场范围和品牌知名度。

所以，创业前必须要有这样一种底线思维——线上线下融合，实现O2O模式，即将线上用户引流到线下实体店消费，或将线下实体店的顾客导流到线上消费。如果做不到这一点，不要轻易创业。

4.不盲目跟风

如果看到别人做某个行业很赚钱，也一头扎进去，几乎可以肯定地说，大概率是不会赚到钱的。有些人就是喜欢跟风创业，对自己能干什么、能干好什么心里没数，只晓得"只要别人能做好，我也不会太差"。有这种想法的人，基本都是没有商业底线的人。要知道，每个人的资源、素质、技能，都是不一样的。比如，某个人考上了北大，有人会总结他的学习方法，小到解题技巧，大到作息时间、人生规划等，然后自己照着做，以为"即便考不上清北，也可以提升一些成绩，上个211或985吧"。事实呢？如果你有考985、211的实力，不研究这些也有机会，如果连考个专科的水平都达不到，研究再多又有什么用呢？

创业也是这个道理，你的底线是要清楚自己的实力，以及优劣势，而不是看别人在干什么，赚了多少钱。

很多时候，我们会产生一种错觉：随处可见老板，感觉创业并不难。其实，任何时候创业成功都是小概率事件，你看到的可能是创业者中"活"下来的5%，或是10%，而看不到的却是被淘汰掉的那90%，甚至更多。因此，创业需谨慎，要为自己多设置一些底线，最大程度做到有备无患，做好抗风险的周全准备。

守好带团队的能力底线

在商业上，靠单打独斗是很难成功的，特别是在初创和成长阶段，必须要依靠一个实干团队来助跑，同时，创业者要为自己划一条能力底线——有带兵打硬仗、打胜仗的本领。创业者专业技术再强，如果不善于组织有战斗力的团队，不善于带团队，结果只能是：要么自己干到"死"，要么干到企业"死"。

带团队要有底线思维，以确保团队的工作质量和效果。合适的底线思维可以帮助团队明确工作的最低标准，并在工作中坚守这个标准，避免出现无法挽回的错误和损失。

假如你是一名项目经理，负责管理一个大型项目的执行。团队中有些成员为了加快进度，提出了一些违反安全规范的操作方法，没有充分考虑可能随之而来的风险和后果。作为项目经理，你意识到这是一个涉及安全和法规遵从的问题，需要采取底线思维来处理。

具体该怎么办呢？解决方法如下：

首先，明确底线。作为项目经理，你需要明确这个项目的安全底线，包括不能违反的安全规范和法规要求，以及不能承受的风险水平。同时，你需要向团队成员明确告知这个底线，并强调其重要性。

其次，建立风险管理体系。你需要与团队成员一起建立一套风险管理体系，包括制定风险管理措施、定期进行风险评估、落实责任人等。同时，还需要确保每个成员都理解并有意识主动遵守这个体系，不能为了加快进度而忽略风险。

再次，强化培训和指导。需要对团队成员进行安全规范和法规遵从的培训，同时，指导他们如何在保证安全的前提下提高效率。需要确保每个成员都知道如何正确操作，并且知道为什么需要这样做。

最后，要严格执行奖惩制度。需要与团队成员明确，如果有人为了个人利益或短期利益而违反安全规范或法规遵从要求，将会受到严厉的惩罚。同时，需要表彰和奖励那些在保证安全的前提下，能够高效完成任务的人员。

应用底线思维来管理团队，能够最大程度确保项目执行过程中的安全和法规遵从，避免出现无法挽回的错误和损失。试想一下，如果没有底线思维，脚踩西瓜皮，滑到哪里是哪里，会出现什么情况呢？下面这个案例给出了答案。

张某大学毕业后，在一家跨国企业工作了10年。2020年，他开始创业，做有关社交媒体方面的业务。开始很顺利，很快拿到了天使投资。为了快速搭建自己的团队，他通过各种渠道招聘运营、技术研发方面的骨干人才，也投入了不少费用。团队组建好之后，凝聚力、战斗力却始终上不去。于是，他又花重金聘请了一个CEO。由于对公司开发项目所涉及的一些技术不是很懂，CEO工作的重心就是人事管理。每天除了招人、考核、开会，就是培训，虽然干劲十足，一个月后，问题还是出现了：团队人员流动较大；人力资源成本直线上升；项目进度严重滞后；核心技术人员的归属感不强。

张某自己又不善于带团队，怎么办？于是，他又请了一位高人来负责带领技术团队。过了一段时间，问题还是层出不穷：工作效率低；内部沟通不畅；干活的人少，管理的人多。公司一共20多个人，其中管理人员占了近一半，包括一个CEO、一个技术总监、四个部门主管。其余的人中，有两个负责技术研发，三个负责市场开发，三个做签单业务，两个售后，还有两个做后勤。每个月薪水开支30多万元，房租、水电2万多元。

三个月后，由于项目进度迟缓，客户的预付款少（按项目进度打预付款），公司的现金流开始出现问题。张某第一次有了创业危机。最后，有人给他支了一招：只保留核心业务和技术部门，砍掉多余的职位与人员。

最后，公司虽然只有三位管理人员，但团队的战斗力慢慢提了上来，员工间的合作越来越默契，项目的进度也提了上来。这让张某看到了成功的曙光。

在上述案例中，开始阶段，张某的公司为什么会频频出现问题？一个重要的原因是：团队管理处于混乱状态，缺少底线思维。评估团队管理优劣的一个重要标准是，看它有无底线。团队管理缺乏底线主要体现在以下几个方面：

1.财务损失无底线

比如，在某些重要条件不具备的情况下，花重金研发新产品，就容易陷入颗粒无收的境地。对创业公司来说，一定要守好财务安全这条底线，合理支出，不过度投资，避免可能的财务风险。一旦财务出了问题，企业，特别是创业公司几乎很难有起死回生的机会。

在上面的案例中，张某起初忽视了这个问题，让公司背负沉重的财务负担，甚至差点因此倒闭。所以，一定要守住财务安全这条底线。

2.商业投机无底线

商业投机是一种以短期利益为目标，冒险投机、不顾后果的行为。这种行为往往会违反商业道德和法律法规，给社会和企业家本人带来不良后果。

稻盛和夫是"京瓷"和"KDD"的创始人，被誉为日本的"经营之圣"。有一个时期，日本的许多企业抢着参与不动产投机，想借此大发一笔横财。公司股东和公司管理层也建议稻盛和夫投资土地。稻盛和夫却没有这么做，他始终认为：天上是不会掉馅饼的，钱来得如此轻松，定是不可取之财，必然来的容易去的也快，只有靠自己努力赚来的钱才是踏实的。所以，但凡有关投机赚钱的方法，稻盛和夫一概回绝，只脚踏实地带领团队兢兢业业耕耘。结果，果然如稻盛和夫所言，房地产泡沫破裂后，许多企业都走向了破产。

不进行商业投机是稻盛和夫经营的一条底线。这条底线其实也是企业的保护线，是全体员工的利益安全线，它不但能擦亮容易被利益蒙蔽的双眼，也能将企业与一些高风险的危险事物分割开来。守住底线，便是避开了那些潜藏的陷阱，或许走得很慢，却能走得长远。

3.生命安全无底线

企业作为社会的重要组成部分，应该遵守相关的法律法规和道德准则，确保企业的"生命安全"。企业要采取必要的安全措施和管理措施，确保员工的生命安全和身体健康。例如，有些从事生产经营易燃易爆化工产品的小作坊，存在相对较高的危险性，一旦发生事故，员工生命安全就会受到威胁。因此一定要在安全措施、专业技能方面加强管理，设定的底线不可逾越。再比如，下矿井挖矿、高空作业等都应设置界限清晰的安全底线，不能存在任何疏忽和放松。企业只有保障员工的生命安全和身体健康，方能树立企业的良好形象和信誉，并避免因安全事故而给企业带来的巨大损失和社会负面影响。

4.触犯法律法规无底线

在经营过程中，为了追求利益，有些企业可能会违反相关的法律法规，甚至违法犯罪，这会给企业和社会带来不良的影响，也可能给他人带来伤害。比如一些特殊的行业、特殊的职业，是容易触犯法律法规的。为了避免触犯法律法规，企业应该高度重视员工的安全教育，严格遵守相关的法律法规和商业道德要求，诚信经营，不欺骗消费者和合作伙伴，不侵犯他人的知识产权和商业秘密。同时，加强内部管理，建立完善的内部监管机制，预防和及时发现违法违规行为，确保企业的经营行为合法合规。

实干兴企，人才强企。要打造一个优秀、实干型团队，避免队伍飘浮起来或沉下去，创业者必须要守好带团队的能力底线——既要加强防守措施，对法律法规和道德要求保持敬畏之心，不触碰红线，也要育好人，留住人，用好人，提升团队的战斗力与企业的竞争力。

合伙，合的是规则

创业，靠一个人单打独斗很难成事。很多时候，需要找合伙人。纵观整个商业史，所有形态的合伙，到最后能够善终的并不多，更惨烈的是，合伙创业成功之后，在分享成果、论资排辈一些环节上，常会发生各种反目。

为什么？

一个重要原因：规则与底线不明确，没有清晰地列出来。简单来说，就是"丑话"没有说在前面，事后再定规矩，就不那么好谈了。

两个人，或多个人合作，不断出现新问题，甚至产生矛盾是很正常的事，问题的症结在于：大家事先没有定好规则。有句话叫"亲兄弟，明算账"，更何况不是亲兄弟。尤其是第一次创业的时候，最好是将所有的事项一次性说清楚。合伙创业，很多时候，合的不是钱，而是规则。这是合伙时必须坚守的一条底线。

没有了这条底线，不论你和谁合作，都很难玩得转。很多创业团队之所以频频出现问题，并很快分崩离析，根本原因就是缺少规则意识，事先没有定好规则。开始大家玩得挺高兴，玩着玩着，有的人觉得没意思，走了；有的人认为就你玩得嗨，我玩得不开心，不要了；有的人会说便宜都你占了，老让我吃亏，怎么玩？还是散了吧！

合伙创业，一定要有规则意识：不论与谁合作，规则先要明确，能够接受，可以合作，如果不接受，关系再好也不能合作。有的人本身缺少规则意识，做事很"江湖"，认为出一些钱作股份，口头确认一下规则就行了。其实，这种做法隐患无穷。

合伙人之间的规则就是合伙人的相处底线。当前，合伙创业已成趋势，只要你选对合伙人，运用好合伙人规则，靠着坚定的创业意志，那么创业之路可能会走得长远。

在制定规则前，必须先明确几点：

第一，各方要有高度的价值观认同。如果双方的价值观不合，合作迟早会出问题的。

第二，对于彼此有高度的信任感。有人认为，我说了、表达了、做了，你就应该信任我。真正的信任，是发自内心的认同、理解、包容，而不在于你说了什么。也就是说，这里的信任，主要是指对人的信任。

第三，对彼此的做事方式认同。只有你真正地认同对方的想法、理念和做事方法的时候，才能产生真正的信任与合作。

这三点是建立规则的基础。如若没有这三点作基础，谈规则、谈合作就显得多余。在现实中，如果你有幸遇到这样的好伙伴，接下来，你们就可以坐在一起愉快地协商合伙的规则了。

小王创业之初，与合伙人一起制定了所有的规则，双方都承诺无条件遵守这些规则，而不是谁出的钱多听谁的，或是随意更改规则。公司确立了一个硬规矩：规则至上。没有人可以凌驾于规则之上，要不然就会产生矛盾，就会带来混乱。

在团队中，合伙人是不是懂规则，对规则的理解是不是到位，对团队的运营非常重要。为此，在制定规则时，大家都要参与，用大量的时间来讨论每一条规则。一旦拍板决定了，就要照着执行。在执行过程中，不要问过多的"为什么"，因为大家已经商量过了。再就是，规则一定要延续下去，无论将来谁加入，都要遵守。如果某人对企业的制度和规则无法认同和执行，也就没有资格加入其中。

正所谓：丑话说在前面。现在是市场经济，也是法治社会，个人之间的承诺只是防君子、不防小人的把戏。如果在合伙之初，不把各种规则讲清楚，高效能的团队就很难建立起来。而且之后发生纠纷就难免要通过法律来解决，那样团队也就极有可能分崩离析了。

合伙创业前必须要制定以下7个规则。

（1）股份规则：包括各方出资比，股权划分等。

（2）权责规则：包括职位分工，各自责任等。

（3）盈利规则：包括商业模式，客户群体等。

（4）执行规则：包括执行主体、执行方式方法，相应的责任等。

（5）领导规则：包括领导层权力分工，集体投票权等。

（6）罢免规则：包括领导委任，战略制订，以及罢免程序的启动、流程等。

（7）退出规则：包括退出机制，退出的方式等。

毕竟，人是会随着环境的变化而变化的，因此现在说什么，承诺什么不重要，重要的是，要学会让规则说话。

生活中，规则是因得到绝大多数人的承认而存在的，我们只有自觉遵守规则，才能打造和谐有序的社会。敬畏所有光明正大的规则，就是尊重公平、效率与我们自己。大到国家间的利益关系，小到邻里间的日常相处，无时无刻不受到法律和规则的约束。历史上没有一种单纯依靠法律或道德教化形成的良好社会风气。

一个创业团队，只有建立了明确的规则，且成员高度认同，严格按规则办事，才能有序运行，其中的各个流程才不会乱，企业也才能有成功的希望。

第八章

职场的底线思维——美美与共，和而不同

> 职场如同一条陌生的山路，哪里有坑，哪里有荆棘，有时并不十分清楚。要想在这条路上走得稳、走得快一点，需要强化底线思维，恪守职业底线，与同事和睦共处，相互包容，求同存异，共同进步。

同事交往的三条红线

职场是一个讲规则的地方。在工作中,每个人都有自己的位置,认清并摆正自己的位置,清楚哪些事能做,哪些事不能做,哪些话能说,哪些话不能说,是最起码的职业素养。这在一定程度上决定了同事对你的评价,以及与你合作的意愿,甚至决定了你是否能留在职场上。

尤其在涉及隐私、利益等敏感问题上,更要恪守底线,绝不要轻易逾越。同事关系很重要,也很微妙,一定要慎重对待。以下事关同事交往的三条红线,是任何时候都不可随意触碰的,一定要谨记。

第一条红线:打探或讨论同事的隐私

在工作中,同事之间体现得更多的是一种合作关系。在相互协作的过程中,一定要注意尊重同事的隐私,这不仅是一种礼貌和道德,也是维护良好的同事关系的基础。

首先,要保证他们的个人信息和资料不泄露。工作中,不可避免地会获取到同事的家庭信息、工作内容等。但是,这并不意味着你可以随意向他人透露同事的个人信息。比如,同事的家庭住址、电话号码、私人邮箱等,不应该将这些信息随意告诉其他人。

其次,最大程度维护他们的工作独立性和自主性。工作中,大家需要一起协作完成任务,其间不要随意干涉或者干预同事的工作。比如,不要随意操作同事的电脑,翻看同事的笔记或私人物品,也不应该越俎代庖地替他们完成工作。

再次，保护公司的商业机密和知识产权。当你通过同事接触到公司的商业机密和知识产权时（比如公司的客户名单、产品设计、财务信息等），一定要做好保密工作，不应该将其泄漏给外部人员或者竞争对手。

最后，在办公室、会议室等公共场合，不打探和谈论同事的私事。在与同事交往时，要注意对方的忌讳，避免揭人之短。

第二条红线：触及同事的利益

工作和利益是息息相关的。因为这层关系，同事之间的相处有时会变得异常敏感。一天之中，我们大部分时间是和同事一起度过的，那么怎样避免触及同事的利益呢？一般来说，在言行方面要把握好以下几点：

首先，尊重同事的工作。不要随意干涉或干扰同事的工作进程。不要将你的工作转嫁给对方，也不要随意干涉对方的工作。如果你对同事的工作有疑问或建议，应该以适当的方式与他们沟通。

其次，尊重同事的决定。在工作中，每个人都习惯站在自己的角度，或是有益于自己的立场表达一些观点，做一些决定。有时，即便你不支持，甚至反对同事的一些观点、决定，也要给予对方足够的尊重，既不要对其妄加评论，更不要强烈反对。

再次，不要羡慕嫉妒恨同事。作为职场人，不要动不动羡慕别人。属于别人的利益，可以羡慕，但不要嫉妒，更不要恨。否则做人就没有底线，更没有原则，不会获得别人的信任。

最后，要尊重和保护同事的创意或成果。如果需要使用对方的一些劳动成果，应该事先征得他们的同意，且确保你的行为不会损害对方的利益。

第三条红线：开没分寸的玩笑

莫言有一句话："好在适度，误在失度，坏在过度。"与同事相处，开玩笑可以调节气氛，但如果不懂得把握开玩笑的尺度，可能会伤害他人。关系再好，开玩笑也要有分寸感，这往往能看出一个人的人品。

著名画家张大千平时喜欢与人开玩笑。但是，他幽默却不失礼节，能够恰到好处地把握分寸感。抗日战争胜利之后，他准备从上海回四川老家。一个学生特意设宴为他饯行，并邀请了京剧艺术家梅兰芳和多名社会名流出席。

宴会开始后，由于现场来了一些"大人物"，大家的言行都比较谨慎，气氛多少有些凝重。为了活跃现场气氛，张大千起身向梅兰芳敬酒，并且说："梅先生，你是君子，我是小人，我先敬你一杯。"

梅兰芳和众人不解其意，都疑惑地看着他。张大千含笑说："君子动口，小人动手，你是君子，唱戏动口，我是小人，画画动手。"一时间，他的谦虚和幽默引得满堂客笑。

凡事适度则益，过度则损。适当的玩笑，可以使人愉悦，没有分寸感的玩笑，就是取笑。懂进退、知分寸，守住玩笑的界限，既不伤害他人，也不委屈自己，才能让人相处不累。

在工作中，与同事嬉笑是一件很常见的事情。适当的嬉笑可以缓解工作压力，增进同事之间的感情，但是也要有分寸，否则就可能会影响到工作氛围和双方之间的关系。

第一，玩笑不能影响工作。在工作中，嬉笑的时间和内容应该适当控制，不要长时间嬉笑，也不要讲一些不合适或者不健康的笑话或者段子。同时，在工作中嬉笑的时候，也要注意自己的言行举止，不要影响到其他同事的工作。

第二，避免产生误解和冲突。在开玩笑时，要注意自己的言行举止，避免产生一些误会或是冲突。比如，不要使用带有攻击性或者贬低性的语言或者表情，不要开一些会让人感到不舒服或者侮辱性的玩笑。同时，在嬉笑的过程中，要注意听取他人的意见和建议，避免因为嬉笑而产生误解和冲突。

第三，要注意自己的形象和职业素养。在开玩笑的过程中，要注意自己的言行举止，不要做出一些不雅或者不礼貌的举动。

总之，在与同事相处的过程中，要学会用底线思维去衡量交往的尺度，估算可能出现的最坏情况，并且做好应对的预案，而不是放任自己。否则，必然会踩不该踩的红线，也必然给彼此带来伤害。

"刺猬效应"的启示：距离产生美

在职场中，同事是一个很神奇的存在。你与他们相处的时间，可能比家人、朋友在一起的时间都要长，与他们的交流沟通，也会比家人、朋友更频繁。虽然如此"亲密"，却又不能靠得太近，为什么？因为"刺猬效应"。

"刺猬效应"，是心理学中的一个概念，它来源于西方的一则寓言，其寓意是：刺猬在天冷时彼此靠拢取暖，但必须保持一定距离，以防止互相刺伤。它形象而深刻地反映了人际关系中保持距离的重要性——不能离得太远，也不宜靠得太近，控制好距离，对彼此都是一种保护。

胡适是20世纪上半叶文坛的一位风云人物。他的太太江冬秀喜欢打麻将，他们在研究院的宿舍居住时，江冬秀为了打麻将，经常违反宿舍规定。胡适屡劝不止，只好带着她搬了出去。

于是，有些人不解，便问胡适："院长是你的学生，打个麻将也不是什么大事，你至于跟他客气吗？"胡适回答："正因为他是我的学生，我才不能麻烦他。"

胡适并非不懂人情世故，他非常清楚，人情牌很珍贵，随便用会显得对别人不尊重，也会打破友情交往的平衡。但是，现实生活中很多人不清楚这一点，觉得不过是"一点小事罢了"，将麻烦别人当成了一种习惯，并在别人的生活中"走来走去"。结果，既没有守住自己的界限，也侵犯了他人的界限。

现实生活中，我们普遍有这样一种心理状态：当我们孤独和焦虑时，为了缓解这种情绪，会寻求与他人建立亲密关系。但是，当这种亲密关系建立起来后，我们又会感到束缚和压抑，需要重新回到一种能够保持自由与独立的孤独状态中。

特别是在与同事的相处过程中，这种心理状态体现得尤为明显。这时，我们就需要运用"刺猬效应"来调整与同事之间的"距离"，让彼此之间有明确的界线，避免互相干扰和冲突，以更好地保护双方的利益和底线。

具体怎么做呢？"刺猬效应"启示我们，在工作中要着重把握好三层关系：

第一层：团队合作关系

在团队合作中，成员之间需要保持良好的工作关系，既要保持合作，也要保持一定的距离，避免互相干扰。这一点可以通过设定明确的工作职责和沟通渠道来实现，确保团队成员在工作时能够保持高效合作，同时避免产生冲突。

比如，你是公司的一位部门经理，非常注重团队成员之间的协作和沟通，经常组织各种会议和活动，鼓励大家互相交流、分享经验。但是，过了一段时间，你发现团队成员之间的竞争和矛盾越来越多，导致工作效率下降。

为什么会出现这种情况？因为过分强调团队成员之间的亲密关系，必然会导致矛盾和竞争的加剧。解决的办法是，调整成员之间的关系，使之既能紧密协作，又能保证彼此的独立性，减少不必要的摩擦与冲突。

第二层：领导与员工关系

领导需要与员工保持适当的距离，其距离要既能够展示出领导的亲和力，也能够保持领导的权威性。可以借助定期与员工交流、提供培训机会，以及制订并实施工作规章制度等方式来实现，最终增强员工的归属感和忠诚度。

有一位高管被招进一家公司，他非常注重与员工之间的沟通和交流，经常与员工进行面对面的谈话和聚会。但是，不久之后他发现，不少员工开始依赖他的意见和决定，缺乏自主思考和创新精神。最终，他意识到他与员工之间的距离过于亲密，导致员工过度依赖他。于是，他开始注重与员工保持一定距离，同时，鼓励员工独立思考和创新。事后证明，他的这一决策是正确的。

总之，在职场，上下级之间要保持一定距离。过度的亲密关系会使员工过于依赖领导，缺乏自主思考和创新精神。

第三层：同事之间的关系

同事之间朝夕相处，友谊会日渐增长，由此，有人把相处好的同事视为"死党""闺蜜"，甚至在私下也经常一起聚会、交流。其实，这种做法的风险是很大的。同事之间需要保持适当的距离和界限，避免过于亲密或疏远。比如，尊重彼此的工作和个人空间、避免谈论敏感话题、遵循必要的工作礼仪等。否则，关系太近，过多地触及对方的私人生活空间，难免会产生矛盾和隔阂。

由此可见，在职场中运用"刺猬效应"，适时调整与他人交往的距离，做到交流有底线，竞争有底线，合作有底线，才能最终达到古人说的"美美与共，和而不同"的美好境界。

不挑战别人的立场

在生活中，由于角色、学识、经历等不同，不同的人对同一件事情的认知、观点会有所不同，甚至会截然相反。因此，经常会出现这样一种情景：几个人因为对某件事情的观点不同，争得面红耳赤。

大家仅仅是因为观点不同才争吵的吗？表面看是这样，实际上，深层次的原因是"立场"问题。立场是什么？要正确理解立场，先要认清什么是事实与观点。我们常说"事实有真假，观点无对错"。这是因为，事实只有一种可能，即它已经或是正在呈现的某种状态。如，现在是冬天，你说"天气好冷"，这是事实还是观点？当然是观点，而且是你的观点。你认为"冷"，并不代表所有人都觉得冷。而事实是什么？事实是"今天气温是5摄氏度"。可见，观点是以事实为基础的。也就是说，事实是底层的，观点在其上一层。如果理解不了这层关系，那和别人争论"天气冷还是不冷"就没有多少意义。

在观点之上，是"立场"。也可以理解为，同样的观点，可以引出不同的立场。比如，你觉得天气冷，你的立场可能是"需要开空调"，他也觉得天气冷，他的立场可能是"赶快买个电暖气"。大家的立场之所以不同，多数是从自身利益出发来考虑问题的。因此，你非要说"用电暖气不如开空调"，并罗列一大堆理由出来，你以为对方会信服吗？即便你说得都在理，终究很难改变对方的立场，因为它是基于自己切身利益提出来的。因此，当讨论问题时，一定要分清楚讨论的是事实、观点，还是立场。不在一个层面上讨论问题，只会伤害彼此的感情。

许多时候，一个人观点容易改变，但是要改变立场却很难。为什么？因为一个人的立场，在一定程度上代表了他的底线，或者说是他的一道防线，就像拦河的大坝一样，他是绝对不允许它被冲垮的，即便他也知道自己的立场是有"问题"的。如果你一定要把它挖开，证明给他看：瞧，你的立场是错误的！那就等于赤裸裸地在挑战他的底线！请永远不要做这样的蠢事。

正如瑞士心理学家荣格所说：你永远不要有企图改变别人的念头！这里的"念头"，更像是我们这里说的"立场"。人，是一种很"理性"的动物，许多时候，这种"理性"是建立在与自身利益相关的事情之上，一旦某事和自己无关，人是很难"理性"的。因此，在经济学中才有了"理性人假设"一说。也就是说，不是所有的人对所有的事都理性。所以，不要轻易参加和自己切身利益无关的话题的争论。因为，你没有自己想象的那么理性。

真正的聪明人，很少会去反驳别人的立场，哪怕它们存在明显的谬误，他也会安静地听下去。而蠢人都有一个毛病，就是经常运用"红灯思维"，只要别人的立场与自己不同，就急吼吼去反驳："错啦，错啦。"他们容不下别人的新观点，时常将自己封闭在一个独立的思维空间内，容不得别人站在这个空间之外，否则就认为对方是错的。

在同事交往中，出于自身利益的考虑，大家经常会就某一件事表达不同的立场，这种情况很常见。可以毫不夸张地说，如果公司有100个同事，在某一件事情上可能会有100种立场！所以有人说，有时候，立场之间的差异，比马里亚纳海沟还要大。

那么当同事的立场与自己不同，甚至相悖时，是耐心地说服，让其"改邪归正"，还是针锋相对，一味强调自己正确呢？**两者都**

不对。

　　正确的做法是：不要用你的立场，甚至三观来要求世界，你不喜欢的东西，要允许别人喜欢，你不赞同的东西，要允许别人赞同。当你打着"三观正"的名义要求别人，或是用自己立场去纠正别人的做事方式时，其实，就是在"道德绑架"别人，甚至是在冲撞别人的心理防线。一个人最大的恶意，就是把自己的理解强加给别人，把所有的结果理所当然用自己的过程来诠释，并一直认为自己是正确的。

　　庄子有云："子非鱼，安知鱼之乐？"不了解他人，就不要轻易下结论。深到骨子里的教养，就是从不随意改变他人。任何一件事从不同的角度切入，都会有不同的观点、认知、立场，甚至是截然相反的论断。许多时候，你自以为做出了公正的判断，其实往往都带有自己的主观色彩与利益诉求。

　　这个世界很丰富，可以容纳很多不同的想法，只要不伤害别人，就无所谓对错。偏执的人才会要求别人认同自己的"立场"、三观。狭隘的人才会用自己单一的三观要求别人。这个世界本来就没有完全相同的两片树叶，而这个世界也没有完全一致的三观，如果有，那也是包容、理解、尊重、欣赏的代名词。一位画家做过一个试验：请人指出他的一幅画的缺点。结果被贬低得一无是处；第二天，他又请人指出同一幅画的优点，结果被夸上了天。因此他得出一个结论：永远有人欣赏你，也永远有人批评你。

　　在工作中，一定要学会尊重同事的立场，要多站在对方的角度来考虑事情。对方认为是合理的，即使你不同意，也应该尊重。每个人都有自己的生活取向和价值选择，不要做他人生活的审判者。挑战并试图强行改变他人的立场，注定会带来一场人际灾难。

第九章

社交的底线思维——保持距离，不越界线

> 社交中，无底线的退让和包容，往往换不来对方的感动和赞赏，大概率换来的是视而不见和变本加厉。因此，关系再亲密，也要保持距离。距离有了，"美"才会产生。

边界感不可或缺

现实生活中，许多时候，我们的人际关系出现了诸多问题，主要是因为忽略了边界感，就像俄罗斯作家邦达列夫说的那样："人类一切痛苦的根源，都源于缺乏边界感。"

一些心理学研究也表明，生活的许多问题与矛盾，都是边界不清造成的，是边界的混乱造成了关系的混乱。每个人都有自己的底线和边界，如果对方踩了你的心理边界，也就说明对方越界了。比如，你认为自己胖，决心要减肥，这是你的事情，完全由你掌控。但是，如果别人胖，你对他的身材指指点点，那就是越界了。你的行为会让对方不舒服，即便你们可能是很好的朋友。这种边界虽然是看不见的，却是真实存在的。

著名商业咨询顾问刘润在他的《底层逻辑》一书中，也提到了人与人之间相处，需要特别注意"边界感"。例如，小孩不经过玩具主人同意，就拿走别人的玩具，就是一种没有边界感的行为。上司干预下属的婚姻，也是没有边界感的行为。至于时不时问对方"你一个月赚多少钱""你多大了"等这类问题，更是没有边界感的行为。这种缺乏边界感的行为，是典型的"巨婴"行为。为什么有这么怪的称呼呢？因为婴儿是没有边界感的，常常口无遮拦，问出孩子气的话，这是可以理解的。可是问话的人如果成年了呢，还能被理解吗？

每个人都有两种生存空间，一种是物理空间，另一种是心理空间。所谓的边界感，可以理解为是区分自己与他人之间清晰边界的能力，或者说是人与人之间内心的自我界限，即人们常说的"底线"或者"分寸"。这有点像是房间的门，如果锁上了，别人要经过主人的允许才能进入房间。建立边界，或有边界感，其实就是建立了底线，这就像国与国之间的边境线，对方是不可以轻易穿越的。

事情往往是，人们的素养越高，对边界感的要求相对也会越高。在为人处世过程中，能把心理边界拿捏得恰到好处的人，说话办事会让人觉得很舒服，既照顾到了对方的感受，又将问题阐述得清清楚楚。

相反，边界感模糊的人，说话办事不知深浅，常得罪人，给别人造成尴尬，很难与他人和谐相处。他们身上和言行往往有三个明显的特征。

第一，控制欲强

他们总希望别人能按照自己的想法行事，不太注重人与人交往的心理边界。比如，有些父母会随意进出孩子的房间，在他们看来：我是家长，孩子是我的，我进孩子房间，为什么要征得他们的同意？再比如，一些人经常会打探别人的婚姻、收入及家庭情况，貌似关心，实则多半是为了满足他们的好奇心。从本质上看，这些人就是边界感模糊，说话办事总以自己的想法和欲望为出发点，希望别人能按照自己的想法去行事。

第二，过度干涉

有些人过度操心不属于自己分内的事情，这就会对别人造成干涉，是一种没有边界感的行为。其中，有些人可能出于好心嘘寒问暖，有些人是为了满足自己好奇心理，也有些人就是单纯喜欢管分外的事，还有些人可能出于复杂的原因，不管是哪种情况，都属于没有边界感的行为，都会引来当事人的反感。

第三，注重别人的看法

有时，有些人的心情好坏，主要取决于他人的行为是否符合自己的心理预期。每个人都是独立的个体。一味将自己的心情建立在他人的看法之上，看似友好，其实会给别人造成一定的心理负担。比如，在恋爱过程中，一方会卑微地说："我是不是做错了什么？哪里不好我可以改。"这其实是一种没有边界感的做法。

在人际交往中，不管是对身边的亲人，还是对工作中的同事，很多人都是没有边界感的。要知道，即使是再熟悉的人，也总会有自己的逆鳞。所以，在相处的过程中，一定要设定并管理好心理边界。

下面是美国心理学家亨利·克劳德和约翰·汤森德给出的一些设立边界的方法。

1.让"不舒服"的行为适可而止

"不舒服"很好理解，简单来说，就是"愤恨或不满"的情绪。这种不满情绪一般发生在"对方压制了你，利用了你或者让你觉得不被欣赏和不被尊重的时候"，或者"对方不顾及你的感受，一直在向你灌输他的价值观、想法、期望等"。这意味着别人突破了你的边界。但是很多时候，你为了维持某个角色形象，以及没来由的负罪感，常常忍受这种不舒服。

显然，这种态度是不对的。如何处理呢？可以在感觉"不舒服"后，采取适当的措施，比如通过神情"告诉"对方你不佳的心情，以提醒对方适可而止。

2.有意识地说"不"

对于你不想做，或者根本做不到的事情，一定要果断拒绝。"害怕，罪恶感和自我怀疑"是导致我们边界感模糊的元凶。有时，我们之所以不敢拒绝，是因为我们害怕看到拒绝后对方的反应。所以说你的不拒绝并不能说明你很善良，而说明你怯懦。知道问题症结后，就要勇敢做出改变。

3.保持心理平衡

在维护自己边界时，要注意保持心理平衡，不要因为别人的行为而让自己的情绪失控。可以选择适合自己的方式来调节情绪，如运动、冥想等。做到这一点非常重要。在社会交往中，只有遇事保持冷静，调整好自己的状态，才能扮演好每一个社会角色——妻子、母亲、丈夫、同事、员工等。

4.设定自己的边界

设定边界是建立边界感的关键。你需要明确表达自己的底线，并坚持自己的决定。这并不意味着你要变得固执或冷漠，而是要学会在人际关系中保持平衡。

设定界限并非易事，需要长期坚持自己的一些原则，不轻易做出改变。在平时，你可能习惯了做一个老好人，当你刚刚开始建立边界的时候，很可能因为不善于表达，而得罪一些人。但是，大多数人还是会理解你的，不会因为你拒绝了他们的一个不合理的要求而对你有意见。

5.对自己的情绪负责

自我边界的建立，可以让你清楚地看到自己和他人的责任与权利范围，知道什么可以做，什么不能做。由此，你的情绪不再受边界不清带来的干扰，并且拥有独立于他人的处世能力。

在人际交往中，不但要注意尊重他人的边界感，不要逾越他们的个人空间和自我保护的底线，也要自我保护和维护个人空间。当然，建立边界感是一个长期的过程，需要不断地反思和实践。在这个过程中，要始终坚持自己的价值观和原则，不随波逐流或降低自己的底线。

|底|线|思|维|

有些人不要交,有些忙不要帮

有的人为什么始终能够处于一种自在舒服的状态,可以集中精力把自己的事情做好,同时也不怎么受别人的影响?原因在于底线思维。说得具体些,就是这样的人做事总是把握一个度,不会总是选择让自己迁就、理解。在他们看来,如果总是选择迁就,就会堆积委屈;如果总是选择理解,就会碰到刁蛮。这是他们为人处世的底线思维。

在人际交往中,恰当地运用底线思维,不但可以减少一些不必要的心理困扰,而且有助于建立健康、和谐的人际关系,防范不良人际关系带来的风险。这些主要体现在两个方面,即不该结交的人不要交,不该帮的忙不要帮。

1.不该结交的人不要结交

朋友是我们人际关系中的主要力量。所谓"多个朋友多条路",其中的"朋友"是指真正的朋友,如鲁迅所说的"友谊是两颗心真诚相待,而不是一颗心对另一颗心的敲打"。

朋友不在多,而在于精。古人讲"人生得一知己,足矣",足见值得深交的朋友得之不易,甚至可以说,真正的朋友可遇不可求。绝大多数人终其一生,都不会遇到一个真正的朋友。更何况每个人的精力有限,不可能应付得了太多的朋友。所以,交朋友不能随便交,而是要有选择性地交。换句话说,就是交友要有底线,不能什么人都去结交。

（1）唯利是图者不结交。

天下熙熙，皆为利来。天下攘攘，皆为利往。在现实中，人们会为了名利去做一些事情，这无可厚非。但是如果一个人太过重利，甚至有些唯利是图，不分利益与道义，常揣着假道义，行损公肥私、损人利己之事，那么，这样的人尽量不要结交。

一个唯利是图的人，眼中只有利益，他的利益高于一切，不容侵犯。你不侵犯他利益的时候，你是他的朋友、"哥儿们"，如果侵犯了他的利益，变脸如翻书。可谓是"友，我所欲也。利，我所欲也。二者不可得兼，舍友而逐利是也"。

有道是，"近朱者赤，近墨者黑"。长期与唯利是图的人相处，久而久之，自己的品行也会受到影响。交友贵在交心，与品质好的人来往、相处，如与兰花共室，自己也会沾染上芳香。

（2）不守规矩的人不交。

人是社会性动物，在庞大的社会网络中，想要和谐共存，遵守规矩很重要。一个不守规矩的人，不值得结交。道理很简单：守规矩的人，尊重你的隐私与自由；不守规矩的人，总想试探你的底线。

诺贝尔文学奖获得者莱蒙特说："世界上的一切都必须按照一定的规矩秩序各就各位。"规矩，看不见摸不着，却在无形之中影响着我们每个人的命运。做人有规矩，才不乱秩序，做事有原则，才能成方圆。一个人的规矩意识，很大程度上就是人品、道德底线的体现。

一个人无论多么聪明，有能力，没有规矩意识，什么事都可能做得出来。这样的人，不仅没有人品可言，靠近他只会带来风险。

（3）守不住底线的人不交。

道德和法律是做事的两条底线，守不住道德和法律底线的人是可怕的。与他们交往，无疑会增加我们的风险，会带给我们一些意想不到的麻烦。

做人做事的底线，是一个人的三观和品性的体现。拥有底线的人，很在意自己的一言一行，不会随便越界。做事没底线的人，向来不重视任何规则，你不知道他什么时候就会做出一些违背道德和法律的事情。往小了说，可能会做一些有失道德的事。往大了说，可能会做出一些伤天害理、违法犯罪的事情。没有底线的人就像是一颗不定时的炸弹，与这种人交好，可能会随时连累自己受伤。

（4）爱搬弄是非的人不交。

爱搬弄是非的人惯于散播谣言、挑拨离间或故意制造麻烦，这种行为会给他人带来负面影响，甚至会对他人的生活和人际关系造成严重损害。中国有句俗话："宁在人前骂人，不在人后说人。"意思是说，他人有缺点，不足之处，可以当面指出，劝其改正，但是不可以当面不说，背后乱说。这种行为，不仅被说者讨厌，听者也会反感。

因此，不要与这种人有过深的交往。一方面可以减少受他们的负面影响，另一方面也能避免在一定程度上成为他们恶意中伤的目标。

2. 不该帮的忙不要帮

中国人热情，讲究人情世故，愿意力所能及地帮助别人，这是社会正能量，展现了文明礼仪之邦的风范。但是，帮人不要乱帮，要有底线，要拿捏好分寸，不可全凭热情，更不能意气用事，否则会给双方造成心理负担，或者给自己或他人惹来麻烦。

因此，帮助别人的时候，心中一定要有杆秤，要明白哪些忙可以帮，哪些忙是万万不能帮的。

（1）超过底线的忙不要帮。

帮忙一定要有底线思维，要讲究一个度，避免过犹不及。比如，朋友请你帮一个忙，如果他所求之事是违法的，或是违背社会公序良俗的,那么这样的忙就不能帮。另外,如果所求之事超出了自己的能力范围,也不要勉为其难。

所以说,帮人,不能逾越底线,不能帮人坑蒙拐骗;帮人,也不能违背良心,帮人算计他人钱财;帮人,也不能没有标准,帮人伤害别人。

帮人是善举,但逾越了底线,没有了善意,就变成了坏事、错事。逾越底线的忙,你如果帮了,事后可能会被人说成是怂恿他人做坏事的罪魁祸首,也可能被人说成与害人者是一丘之貉,到时百口莫辩,实在是不可为之。

(2)逞强的忙不能帮。

帮人,是替人减轻负担,是替人解决麻烦,是好心,也是好事。但如果帮了人,反而给自己增加了压力,且这种压力又是我们本身所不能承受的,这样的帮人,就会成为一种负累。另外,为了帮人,有的时候,需要动用更多的人来协助,给更多的人增添了麻烦,这样就失去了帮人的意义。所以,超出自己能力范围的忙,不要逞强去帮。

比如,朋友需一笔钱周转,向你借10万,而你只有5万存款,如果你答应帮忙的话,需要向自己的亲朋好友再借5万元,虽然你也能勉强借到,但一定程度上,这个要求还是超越了你的能力底线。这时,你就要理性思考,这个忙要不要帮。

人有多大脚,穿多大的鞋;有多大力气,做多大的事。帮忙,最要紧的是在自己的能力范围内,量力而行。生活中,有不少人明知是力所不能及的忙,也不好意思拒绝,硬着头皮答应下来,打肿脸充胖子也要取悦他人。虽然一时可以得个"够朋友""讲义气"的名声,却让自己满身疲惫。像这种逞强的忙,最好不要帮。

（3）徒劳无益的忙不要帮。

并不是所有人都懂得感恩，也并不是所有人都怀有一颗真心。有些人向你求助，并不是自己做不到，而是把你当免费苦力来驱使。

对不懂感恩的人来说，他们习惯把别人对他的好当成理所当然，当你一开始对他太好，以后对他没那么好了，他的心态就会失衡，就会认为你不好，不讲究，从而对你心生仇怨。

有一个年轻人每次回乡看望父母，都会顺便给亲戚们带一些礼品，并且还会给他们几百块钱。久而久之，亲戚们也就习惯了他的这些行为。

有一次，年轻人因为回家匆忙，没有给亲戚们准备任何礼品。亲戚们的脸色因此变得很难看，后来，还私下说了一些有关年轻人的难听的话。

生活中，其实有很多这样的情形。有些人就是不知道感恩，他们就像一口深井，用什么也填不满。帮他们，就是给自己找不痛快。你的用心，他不珍惜；你的真心，他当儿戏。这样的人，不但不要帮忙，还要尽量远离他们！

（4）帮人做决策的忙不要帮。

道理很简单，当别人碰到棘手问题而难以决策时，想请你来分析原因，并帮着作决定。这时，你心里要有分寸——适当分析形势可以，但是最好不要帮着作决策。例如，朋友想买股票，不知道买哪一只，请你帮忙选几只。你要不要帮呢？最好不要。如果你选的股票后来跌了，让朋友亏了钱，即便对方嘴上不说，心里也多少会有怨言的。

当然，遇到纠结的事，对方拿不定主意，想来征求你的建议，是把你当成了朋友，或者是值得信任的人。你应该感激朋友的这份信任。不过你也要明白,这时对方很有可能已经有了决定,之所以征求你的建议,多半是想找你来倾诉一下。因此,不要帮着对方做任何决定,而是把各种决定所带来的好处或者坏处分析清楚,最终的决定权一定要留给对方。

帮忙和结交朋友是非常重要的社交活动,一定程度上影响着我们的社会关系和人际交往。我们要学会运用底线思维,用有限的时间与精力,去交该交的朋友,帮该帮的忙,以获得更好的社交回报,避免交友不当,或是帮忙不慎而给人际关系带来风险。

你的善良要有锋芒

生而为人，善良当然是必不可少的品质。然而，一味地善良，没有底线的善良，并不会给你带来福报，而可能是灾难。这一点不但经过了现实的验证，在理论上也是有依据的。

美国社会心理学家哈罗德·西格尔曾做过一个研究，题目是"改宗的心理学效应"。通过这项研究，他发现：当一个问题对某人来说至关重要时，如果他在这个问题上能让一个"反对者"改变意见，而与他的观点保持一致，那他宁可要那个"反对者"，也不要一个同意者。

这个心理学效应告诉我们：在生活中，一些没有是非观念，也没有原则的"好好先生"，之所以常被人忽视，甚至被人瞧不起，是因为他们给人造成了一种"没有能力"的感觉。而那些敢于直言是非，勇于开展批评的人，反倒会让人觉得富有感染力，由此更容易得到人们的赏识。进一步说，做人一定要有是非观念，有原则，不能是非不分、随波逐流。

在现实生活中，为什么做善良的烂好人容易受到伤害？究其原因，主要有两点：

第一点，在别人眼中，"烂好人"是那种"好欺负"的人。在一个集体中，当人们需要有人退让时，肯定会第一个想到"烂好人"，并且一致决定牺牲他们的利益。

第二点，"烂好人"在潜意识里已经为自己贴上了"应该退让"的标签。长此以往，当他再想说出"不"字时，连自己都觉得怪怪的。

所以，建议那些"烂好人"，为免自己受伤害，可在退无可退之际，为自己挖一条战壕，设置一下底线。这条底线的意义在于：一方面告诉自己，以此为界"不能再退让了"，另一方面划清与他人的界限，让企图越界者远离你的安全区。

为了让人生更幸福、更出色，我们的善意必须有底线。在一档综艺节目中，一位嘉宾谈起了一个有关自己的故事。

读小学时，她身体有点胖，成绩也不是很好，每次体育课，都会有男生对自己嘲笑一番。她一直没有反击过，事情持续了挺长时间，给她造成了一定的伤害，她也因此不再想上体育课了。直到现在，她依旧是一个就连在别人面前做运动都会觉得羞耻的人。

在节目中，她动情地说："如果我能够穿越回过去，我会告诉那个很小的自己。被伤害时，你一定要勇敢地打回去，不是要打败嘲笑者，而是要向他证明，我不是一个软弱的人。"

真正的善良是一种弥足珍贵的品质，但是如果善良没有长出"牙齿"来，那就是软弱。善良并不意味着软弱，张牙舞爪也不等同于毫无底线。《周易》说："君子藏器于身，待时而动。"人生的锋芒，亦是如此。善良的人从来不会主动伤害别人，但并不意味着就应该被伤害，必要的时候，也应该露出"獠牙"。

正如艾默生所说："你的善良，必须有点锋芒"善良的玫瑰，只有长出锋芒毕露的刺，才不会被随意踩踏。长出锋芒不是一件难事，更不是一件坏事。至少，它可以成为我们坚硬的"铠甲"，不会让我们轻易受到伤害。

从前，有两户人家是邻居，平时关系不错。其中一家人因为能干，比较富有。有一年，天灾导致田中颗粒无收，穷人家没有了收成，只能躺着等死。

富人家买到了很多粮食，想着大家都是邻居，就给穷人家送去了一升米，救了急。熬过最艰苦的时刻后，穷人去感谢富人，谈及明年的种子还没有着落，富人慷慨地说："这样吧，我这里还有一些余粮，你拿去一斗吧。"

穷人千恩万谢后回到了家，他的兄弟却说："这一斗米能做什么？富人这么有钱，就应该多送我们一些粮食和钱，才给这么一点，真是坏得很。"

后来，这些话传到了富人耳朵里，他非常生气，觉得穷人家又懒又不上进，还不知足。于是，本来关系不错的两家人，从此就成了冤家。

类似这种"升米恩斗米仇"的故事在生活中并不鲜见。为什么会这样？施善的一方缺少锋芒、没有底线是一个重要原因。要知道欲壑难填，无条件、无原则、无底线的善良，一方面容易助长对方的贪欲，同时也会让人产生一种"理所应当""天经地义"的错觉。所以，善良一定要带有锋芒，一定要带有底线。正如网上说的那样："做一个外表有刺的人，才是成年人世界里最温柔的法则。"

在行善的时候，要学会用底线思维捍卫自己的安全感。为此，要做好以下三点。

1.从负面考察人性

鲁迅说："我向来不惮以最坏的恶意来揣测国人的。"从负面考察人性，是用底线思维捍卫自己安全感的第一步，如此，我们才能知晓别人的底线在哪里，他们会恶到什么程度。

我们经常遇到的人性的恶，包括贪婪、仇富、嫉妒等。从负面考察人性，就是就预估的可能发生的最坏结果，进行针对性的思考，进而制定详细的预案，避免在关键时刻头脑发热、盲目冲动，做出留下隐患的事情。

2. 确定自己的底线

确定底线，就是与过去的自己割裂，同时与外人保持距离。也可以说，确立底线就是为自己确立几条不容触碰的底线，让它们成为你的人生法则。如此，可以让你脱离柔软，变得果敢，避免丧失原则，长此以往坚持下去，便可以随心所欲不逾矩。

3. 告别行动"侏儒"

当受到伤害后，不要听之任之，"随他去吧"，甚至还跟阿Q一样自我安慰、自嘲，要痛定思痛，化"自我解嘲"为"积极回应"。可以每天对照镜子进行训练，设想对面是让你最反感的人，冷静而认真地告诉对方你的感受，让他明白他已经对你造成了伤害。真正拒绝时，不要用责骂和暴力，遇到极端情况可以直接采用法律手段。

做一个善良的人值得肯定，但千万别让自己的善良失了尺度。电影《教父》中有一句话："没有边界的心软，只会让对方得寸进尺；毫无原则的仁慈，只会让对方为所欲为。"生活的意义，从来就不是妥协和忍让。如果不能用善良开出一朵花，那就让其身上长满刺。

第十章

教育的底线思维——爱而不宠，带而不代

> 真正的教育，是为了让孩子获得健康的成长与全面发展，而不是让孩子成为温室里的"花"。在教育的过程中，家长是引导者，而非替代者。坚守爱而不宠的底线，方能育儿成才。

正面管教是最好的教子方式

发脾气、叛逆、说谎……生活中孩子的一些负面情绪和行为，经常会让家长感到头疼。许多家长不知道，当孩子犯了错、闹脾气，应该怎么管？

有的家长顾及孩子的感受，怕孩子心灵受伤，只好忍让，结果变成了纵容，助长了孩子骄横自大，我行我素。当然，也有的家长会责骂、训斥孩子。其实这都是不可取的。

正确的做法是：进行正面管教。何为"正面管教"？正面管教是一种既不惩罚、也不娇纵的管教孩子的方法，由美国教育学博士尼尔森与洛特共同研究发明。它以个体心理学创始人阿德勒和德雷克斯的理论研究为基础，倡导父母通过营造和善而坚定的沟通氛围，培养孩子自信、自律、合作、有责任感、有自主感以及自己解决问题的能力。

正面管教的两个核心关键词是"和善"和"坚定"，既对孩子有足够且严格的要求，同时又给予孩子爱和尊重，和孩子平等交流沟通。其中"坚定"体现了管教的底线思维，即和孩子一起立规矩，并共同遵守。

如何运用这一教育方式呢？运作的逻辑如下：孩子提出一个"无理"要求时，不要先急着责备，或是满足他，而是先要建立一条不能让步的底线，表明自己坚定的立场。然后，再辅以耐心的解说开导。孩子明白其中的道理后，会慢慢理解和接受。

比如，有的孩子不爱写作业、贪吃零食、乱花钱、玩手机，家长除了一次次说教，不知该怎么应对。殊不知，一句话重复三遍，就是对别人的折磨，你对孩子说几十上百遍，那等于折磨了他多少回？他怎么能受得了？即便家长说得在理，在孩子耳朵里也是一堆噪声，只能让孩子情绪变得混乱。因此，不要随意去训斥孩子。该怎么办？要进行正面管教。

看下面这个例子：

丽丽在家里做作业时，总是拖拖拉拉，完成质量也不好。每次，不管妈妈怎么责备她，她就是无动于衷。有一次，爸爸与她一起制定了一个时间表，让她自己安排时间，并鼓励她按照计划完成作业。同时，允许爸爸监督她的学习情况，并给予必要的帮助和支持，但不能代她写作业。

有一次，丽丽按时完成作业后，爸爸及时进行了表扬和奖励，鼓励她继续保持良好的学习习惯。如果没有按时完成作业，爸爸会和她一起找出原因，并帮助她制定改进的计划。这样一来，丽丽的学习动力和自我管理能力越来越强。

这是一个典型的正面管教案例。在这个案例中，孩子的行为显然需要纠正。但是，妈妈和爸爸的管教方式却不尽相同。妈妈试图以粗暴的方式让孩子按时完成作业，而爸爸则通过耐心的引导、说服，来提升孩子学习的自律性。

由此可见，正面管教是一种积极、科学的家庭教育方式，在进行正面管教时，要注意以下几点：

1. 积极暂停

什么是积极的暂停？不是强硬地要求孩子暂时不做什么，如"你做不出这道题，今天就不要吃饭"，也不是"你考成这样，赶快离我远点儿",这不是暂停,而是惩罚。因为这些话语在暗示孩子:全是我的问题,是我惹爸爸生气了。

正确的做法是:要向孩子解释,你接下来要做什么,为什么要这么做。你可以说:"我想你的成绩考成这样,你心情也不好,你先回自己房间静一静,等一会儿咱们再一起讨论这个问题。"接下来,你也可以到另一个房间去,深呼吸、听听歌,或者出去散个步。

2.和孩子建立互信和理解的关系

正面管教强调尊重和理解为先,家长需要理解孩子的需求和想法,尊重他们的权利和选择,同时与孩子之间建立互信和理解的关系。这将有助于孩子形成健康的自我认知和情感以及尊重他人的意识。

特别是当孩子犯错的时候,家长可以把自己同样的经历告诉孩子,这样孩子就会知道犯错并不是不可原谅的事情。每个人在成长过程中都会犯错。这样他才能调整好自己的心态,更加积极地改正自己的行为。

3.制定明确的规则和期望

正面管教提倡设定合理的规则和期望,帮助孩子明确自己的底线和目标。家长需要与孩子协商制定规则和期望,让孩子有参与感和归属感,同时更愿意遵守规定。当然,家长也需要坚持规则。这个过程中,双方要互相尊重和理解。

比如,可以制定家庭规章制度,规定什么事情可以做,什么事不能做,什么话不能说等。家里的每个成员都要严格遵守,谁违规都要接受惩罚,父母也不例外,制度面前,人人平等。

4.共同解决问题

只有规则与期望是不行的,还要和孩子共同解决问题。怎么解决呢?首先问问孩子:发生了什么事情?感受怎么样?如果别人做了同样的事,你会有什么感觉?接下来,再问问孩子:"我们可以做些什么?""你需要我陪你吗?"一起讨论解决办法。如果孩子自己提不出解决问题的办法,可以提供一些选项让他选择。

比如,是"现在睡觉,还是10分钟之后睡""是现在写作业,还是吃过饭写""是先玩半个小时,还是先写半个小时作业"等。当然,孩子也可能说出其他选项,比如"不睡觉""不吃饭"等,你可以告诉他们:这不是一个选项。然后再次给出你的选项。

5.及时给予肯定和鼓励

鼓励大家都理解,很多家长常说,"我喜欢你这样""我为你考了100分而骄傲",这几句话是鼓励吗?当然不是,那只是一种赞扬。它们的区别在于,赞扬针对结果,而鼓励针对的是行为和努力;赞扬是大人评价孩子,而鼓励则启发孩子自我评价。

比如,"你帮助了爸爸,非常感谢你""你考了99分,这说明你学习很努力""我们一起看看,还能怎样改进",这些话语就是鼓励。

正面管教强调鼓励和表扬,让孩子感受到自己的进步和成就,进而提高自信和自尊心。家长需要及时给予孩子肯定和鼓励,让他们在成长过程中体验到成就感。家长最好给出具体的例子和解释,以帮助孩子了解自己的优点和长处。

6.培养自主能力和责任感

正面管教注重培养孩子的自主能力和责任感,让他们在成长过程中学会自我管理和解决问题,同时承担起自己的责任和义务。

家长可以提供适当的支持和指导，帮助孩子逐步形成自主能力和责任感。

在教育孩子方面，适度的打压可能会让孩子更有动力，但是长时间的打压必定会让孩子失去信心。所以，正面管教体现了教育的一种底线思维，其目的是"赢得"孩子，而不是"赢了"孩子，如此才更有利于孩子的健康成长。

训子千遍不如教子好习惯

在教育孩子方面，很多家长采取的方式简单粗暴，只要孩子不听话，就劈头盖脸一顿骂，有的甚至会动手打孩子。他们觉得孩子的行为越过了自己的底线，必须给他点颜色看看，让他长长记性。

这样的教育方式真的有效吗？事实证明，这种方式非但没有多少效果，而且还容易激发孩子的逆反心理，容易和家长对着干——孩子觉得你也在踩他的底线。

在心理学中，有一个理论，叫斯金纳理论。该理论认为，不论是人还是动物，为了达到某一目的，会采取一定的行为作用于环境。如果得到的反馈对自己是有利的，那就会强化这种行为。相反，如果得到的结果对其不利，那他就会减少这种行为。

该理论在生活中的反映，可通过一个例子来说明。

乐乐在家里比较懒，不喜欢活动。有一次，妈妈对他说："如果你把垃圾倒了，奖励你一块巧克力"，并告诉他，以后在家里帮妈妈干活，都会得到一些小小的奖励。事实证明，这些奖励强化了乐乐干家务的行为。

好习惯是孩子成长之基。一些研究发现，孩子在儿童时期最好的教育莫过于养成良好的习惯。习惯与人格相辅相成。所谓的"好孩子"一定是有好习惯的孩子，所谓"有问题的孩子"一般都是坏习惯较多的孩子。

作为家长，要树立这样一种底线思维——坚决不踩"打骂教育"这条红线；运用斯金纳理论，尽可能多地通过正向强化来培养孩子的好习惯，改变孩子的坏习惯。

有这样一个故事：

2003年，全国研究生入学考试外语听力成绩首次计入总分。教育主管部门明确规定："考生必须在13:45前进入考场，利用考前的这段时间进行调试收音机和试听等工作，13:45后禁止考生入内。"这个规定在考场纪律和准考证上都明确写清，各大媒体也在考前一再提醒。

考试当天，在某地一大学考点，竟有4名考生迟到。当老师告诉他们不得入内时，这几名同学非常着急，这才想起看准考证。他们纷纷表示没有看见该规定，请求监考老师放行。这几名考生迟到的理由，有的因为睡过了头，有的因为吃饭晚，总之，他们都忽视了"13:45前入场"这一规定。

这件事说明了一个非常简单的道理：习惯对一个人的成长非常重要。可以说，成也习惯，败也习惯。人的一生中，要不断培养各种良好习惯，小到饮食习惯、睡眠习惯、卫生习惯，大到待人接物、礼仪礼貌、工作学习等方面的习惯。习惯就是养成规矩，就是做事要有底线，有分寸。大凡有良好习惯的人，做人做事都讲规矩、有底线。

在培养孩子好习惯时，可以从以下几个方面着手。

1.培养语言习惯

高尔基说："语言是一切事物和思想的衣裳。"由此可见，对孩子语言的培养是十分重要的。从很小的时候起，孩子就开始不断地向生活的环境学习语言，大人们和他说什么，大人们之间在说着什么，他都不分好坏地全盘吸收。接着在牙牙学语之时，开始不断练习之前学到的、现在正不断学习的各种词语和句式。

一个孩子正是从"你好""谢谢""请""对不起"等这些不起眼的日常词语开始他的语言成长之路。平时，家长说话应温和有礼，表达清晰，用词准确，给孩子做好榜样。另外，可以通过一些媒介，比如有声书籍、电视等对孩子进行语言教育。

2.培养规则习惯

我们生活在一个充满规则的社会体系中。平时，要多给孩子讲规则的用处，让孩子了解规则无处不在，一定的规则能使人们更好地生活。如，可以时常反问孩子："如果不遵守规则会怎样？"让他们设想违规的后果，让孩子意识到规则的重要性。

由于生活中规则无处不在，所以大可利用生活中遇到的、看到的、听到的问题和事情，给孩子讲各种规则，培养孩子的规则意识和习惯。

需要注意的是，有限的选择方法对于孩子的规则建设很有效，过多的选择会把孩子推到无法领悟和控制的境况。因此，可以优先把与孩子有关的事项作为"研究对象"，让孩子在这个范围内选择方向，这样，无论孩子选择什么，他的行为就在规则中，从而自然地接受规则。

3.培养社交习惯

如今，家长越来越重视从小培养孩子的社交能力，如孩子合不合群？爱不爱跟小朋友玩？是不是乐意和别人分享？会不会欺负小朋友或者被其他小朋友欺负？这些都是大多数父母关注的问题。在培养孩子社交习惯方面，父母的示范和引导至关重要。为此，家长要做一个乐于交际的人，并用自己的实际行动熏陶孩子。同时，要为孩子创造接触外界的机会，多带他们去接触各种各样的人。在相处过程中，引导孩子与别人友好相处、帮助别人、与别人分享、考虑他人的感受，等等。

4.培养劳动习惯

劳动习惯，同样是一项应该从小培养的行为习惯。现在独生子女家庭占绝大多数，父母常常会过度保护孩子。这无助于孩子养成自立的品格。

为了让孩子养成劳动的习惯，平时，家长一方面要加强对孩子的劳动教育，让孩子理解劳动的意义，学会尊重他人的劳动成果；另一方面，要让孩子适当参与一些劳动实践，做些力所能及的事情，如整理学习用品、收拾房间、洗碗擦桌子等。另外，要做好孩子的榜样。家长是孩子的第一任老师，家长的行为和习惯会对孩子产生潜移默化的影响。

5.培养卫生习惯

卫生习惯的培养重在两个方面：健康的饮食习惯和良好的作息习惯。好身体是一切的关键，这一点越来越得到现代人的认同。当孩子从小就习惯了按计划做每一件事：起床、吃饭、上学、运动、阅读等，到了中学时，才能自律自己的学习和生活，更加有规律地进行娱乐和学习，达到两者的平衡。

6. 培养阅读习惯

现在，人们越来越认同教育应该是自我的、一生持续不断的追求，而不是学校里的十几年和老师灌输的那些知识。自我教育的基础就是要培养阅读习惯，自发地从各种书籍里汲取营养。

培养孩子的阅读习惯，家长要采取这样一些措施：

首先，创造良好的阅读环境。如，在家里选定一个区域作为孩子的阅读区，放置书架、图书角等，让孩子感到阅读是一项舒适的、被重视的活动。让孩子在家中感受到阅读的氛围。

其次，选择合适的读物。根据孩子的年龄和兴趣选择适合的读物，可以选择绘本、童话故事、科普读物等，让孩子找到自己喜欢的书籍。同时，家长也可以与孩子共同阅读，以提高孩子的阅读兴趣，增进亲子关系。

再次，制定阅读计划。家长可以和孩子一起制定阅读计划，例如每天固定的阅读时间、每周阅读计划等。这样可以逐渐培养孩子的阅读兴趣和习惯，让孩子养成自主阅读的好习惯。

最后，要多鼓励孩子独立阅读。比如，先从简单的绘本、童话故事开始，逐渐提高孩子的阅读能力和自信心。当孩子遇到不认识的字词时，家长要耐心地讲解，帮助孩子提高理解能力。

幼儿时期就开始培养起阅读的习惯，会比成年后再来培养容易得多，也会使孩子在无功利性的阅读中发现阅读的乐趣。因此，阅读习惯早些培养为好。

孩子在受教育的过程中，就像一张白纸，我们怎么教，他们就怎么学。从现在开始，不要再只盯着孩子的成绩，也不要再打骂孩子，而要多帮助孩子培养上述良好的习惯。孩子养成的好习惯多了，成绩自然也就好了。

不要掉入"过度教养"的陷阱

"教育也会过度吗?"很多人都会产生这样的疑问。是的,教育不但存在过度现象,而且还是一种很普遍的现象。

什么是过度教养?简单来说,就是过于严谨、过度干预和过度保护的教育方式。很多家长在养育孩子的过程中,习惯为孩子解决各种问题,甚至认为,没有自己的帮助,孩子将来很难在社会立足。于是,孩子有了上不完的课外班,学钢琴、学美术、学书法、学舞蹈、学表演,玩耍的时间被压榨得所剩无几。其实,这种过度教养并不利于孩子身心健康成长。

美国著名心理学者戈特利布认为,过度教养会让孩子失去抗挫能力。究其原因,是他们从小被父母保护得很好,没有经历过挫折。所以,一些小小的挫折就会将他们击垮。

除此之外,过度养育还会带来以下一些危害:

首先,依赖性过强。家长的过度教养,会让孩子产生很强的依赖性,自主面对挑战的忍耐性、勇气会下降。可以说,这种依赖性是多方面的。比如,有不少孩子上大学时,还得父母亲自接送,帮忙订车票、拿行李、找宿舍、铺床等。

其次,动手能力差。因为原本很多自己就可以完成的事情被父母代劳了,所以实践的机会较少,得到的反馈也少。相应地,动手能力也就很难提升了。

最后,欠缺自主思考。因为很多决定都是父母做的,所以很少去深入思考一些问题,这样一来,就很难形成自己的价值观,遇到问题也不知道如何分析、处理。

毫不夸张地说,父母对孩子的过度保护,在一定程度上打断了孩子自主成长的进程,更像是一种拔苗助长。从这个意义上说,过度教养反而会阻碍孩子的成长。与其为孩子铺好路,不如让孩子学会如何走好路。毕竟,孩子不是家长的附属品,而是独立的个体,他们有自己的成长规律。即便如此,还是会有许多父母掉进"过度教养"的陷阱。

做任何事都要讲究"度",过犹不及,教育也不例外。家长要拿捏好教育的度,需要树立底线思维——不要试图去为孩子构建完美无缺的安全系统,那样只会不可避免地制造出新的、不可预见的问题。

具体来说,就是该放则放,该收则收。不论收还是放,都不要去碰以下几条警戒线:

第一条警戒线:做孩子可以做的事

只要是孩子能做的事,就不要代劳,让他们自己做,开始差一点没有关系。比如,学校布置的作业,理应由孩子自觉完成。事实上,很多时候会出现这样的情形:只要孩子说一句"我不太会",家长就像热锅上的蚂蚁,不是找老师,就是询问其他同学的家长,要么责备老师"都是怎么教孩子的",或者干脆帮孩子代写。久而而之,孩子怎么进步?

要学会放手,孩子自己的事情,让孩子独自去完成,即便他做得不好,也能体会一下过程,体会到自己的责任,清楚自己错在哪里。更何况,孩子的能力经常超乎我们的想象,只要放手让他们发挥,他们一定会给我们一些惊喜。

第二条警戒线:**严格管控孩子的生活**

在生活中,不要过度地控制孩子,允许他们有自己的想法,有自己的决策，并去做自己想做的一些事情。比如，可以让孩子决定早餐吃哪一种，饮料想买哪一瓶，衣服想买哪一件，等等。

有些家长习惯为孩子制定各种规则，明确各种底线，而且根本没有商量的余地。比如，几点睡觉，几点回家，几点做作业，这些统统都由自己说了算。其实，这种高压控制会遏制孩子的自觉性，从长远来看有百害而无一利。短期来看，高压控制可以让孩子很乖，很听话，但是从长远来看，会影响孩子做事的自主性及自我管理能力。

第三条警戒线：帮孩子做过细的决定

一定要学会让孩子自己做决定，这与他们学习一项技能的道理是一样的。孩子的逻辑思维能力的提升，不能只靠一直做正确的事，同时，也要靠不断地试错。在成年人的世界中，很多事情，我们一眼就能看出是怎么一回事，但是孩子就不一样了。由于他们缺少相应的经验，需要经过不断的思考，才会悟出其中的道理，才会有新的发现。如果家长帮孩子做过细的决定，无形中等于剥夺了孩子思考的权利。要提升孩子逻辑思维能力，以及独立解决问题的能力，一定多给他们思考的空间，让他们独自去探索，而不是家长帮着他们做决定。

第四条警戒线：让孩子试图成为自己

每一位父母都希望孩子比自己更出色，甚至会按照自己的想象来塑造孩子，认为这么做是为了孩子好，其实不然。你的期望对孩子毫无益处，只会给他们带来压力。

比如，有的父母学生时代爱贪玩，学习成绩差，没有考上大学，或是考了一所很差的大学，那他们就会寄希望于孩子能考一所名牌大学。当他们把这种期望传递给孩子时，孩子真的会因此变得更优秀吗？未必，那只是停留在家长脑海里的一种期待。事实上，孩子有孩子的世界，有他们的梦想，有他们成长的轨迹。无论如何，家长都不要将孩子想象成自己，更不要将自己的理想转嫁到孩子身上，那对孩子来说是一种负累，它会影响到孩子用自己的标准构建自己的内心世界。

所以，家长在教育孩子时要有底线思维——孩子不是自己的工具人。教育孩子要适度，不可用力过猛，多给予他们足够的关爱和支持，同时也要给予他们足够的自由和空间，让他们能够自主探索和发展自己的兴趣爱好和特长。如此，才是对孩子最深沉的爱，才有助于他们发挥潜力，成为独立、自信、健康、快乐的人。

帮孩子建立底线思维

在社会生活中，有些基本的道德、公理、规矩不可突破，那就是底线。恪守底线，社会才能正常运行。在孩子的教育过程中，帮他们建立底线思维更是须臾不可或缺。

很多人成年后不务正业、游手好闲，原本不错的生活却过得一团糟。为什么？原因有很多，既有性格方面的原因，也有习惯方面的原因，但其中最主要的一个原因是：守不住底线。也就是说，他们欠缺底线思维。而这种思维又不是一天建立起来的，它往往是从童年时期开始，慢慢建立并得到不断强化的。

比如，一个习惯花钱如流水的人，你让他从现在开始节衣缩食，他多半做不到！即使没有钱，他也会想办法去借，去贷，去透支信用卡，因为对他来说，"大幅减少开支"或是"每天只花几十块钱"这个底线是完全守不住的。为了满足私欲，他甚至会不择手段，很少会考虑债台高筑的后果。从本质上看，就是完全丧失了底线，或者说，完全没有底线意识。

如果你追溯他的童年，或多或少都能找到一些答案。在生活中，不排除有些人小时候比较节俭，长大后花钱大手大脚，但是就多数花钱大手大脚的人来说，小时候他们也是给多少花多少，没有节俭的意识。即在花钱方面，他们的底线思维不牢，一次次被突破，今天说好了花10块，结果花了15块，下次会说"我今天不能超过20块"，结果花了50块。

凡事都是这个道理，当你的底线不够牢固，说破就破，那只会越来越放纵自己。从小培养孩子的底线思维，就是让他们不断提升自我管理能力。

那么如何培养孩子的底线思维呢？概括起来，关键有两点：

1.站到自己的角度：**不能被伤害**

由于孩子是未成年人，身心稚嫩，抗压能力差，所以很容易受到伤害。为了让孩子更好地自我保护，一定要有底线意识，即"自己不能被伤害"，这也是孩子必须拥有的一条底线，同时它也是一条安全底线。

台湾女作家三毛的故事广为人知。小时候，三毛数学成绩很差。上初中时，有一次数学考试竟然得了零分。数学老师便让三毛走到讲台前，用蘸着墨水的毛笔在三毛的脸上画了两个圆圈，并说：那么喜欢鸭蛋，今天就请你吃两个。全班学生看到熊猫眼的三毛，顿时哄堂大笑。课后，数学老师还让三毛当着全校学生的面，绕学校操场走一圈。

这件事给三毛带来了极大的伤害，从此她害怕上学，害怕与人接触，得了严重的自闭症，并把自己封闭起来达七年之久。

从这个故事中可以看出，孩子的自尊心是很强的，一些恶意的伤害可能会带给他们一生的阴影。为了更好地自我保护，要从小对孩子进行安全感教育。安全感教育中最重要的就是让孩子拥有底线意识。大人要告诉孩子一些安全底线，比如，女孩子的父母要告诉孩子："不要让任何人触碰自己的身体。"再如，告诉孩子"对不喜欢的人或事要勇敢地说'不'"。

另外，建立安全底线还要注重个人习惯的培养，比如，平时要能禁得住一些诱惑，要养成勤俭节约的习惯，掌握一些可以立足社会的技能等。

2.站到外围的角度：不能伤害别人

"不能伤害别人"这是孩子必须建立的第二条底线，这里的"别人"，可以是国家、社会、集体、他人。底线有两层要求：一层是道德层面的，另一层是法律层面的。

第一，要从道德层面对孩子进行教育，要求孩子"不伤害、不妨碍"。比如，告诉孩子"和同伴玩耍时，不要打架，打人的一方就是伤害别人"。再如，要让孩子知道，随意打扰别人，也是一种妨碍。

第二，要让孩子有一定的法律意识。法律层面是底线中的底线。平时，要告诉孩子："当我们随意践踏法律，越过法律的红线，做了坏事，伤害了别人，就会受到法律的制裁。"并和孩子一起思考、分析一些常见的违法犯罪行为，让孩子有更直观的认知。

当然，法律层面和道德层面并没有绝对的界限。相对来说，道德层面的要求较高，很多内容都超过法律层面。平时，要按照道德层面的要求帮助孩子建立各种底线，这样，自然也就远离了法律底线。

第十一章

投资的底线思维——先谈风险,再看收益

在投资市场,很多时候风险是不能用统计学或者会计学上的数学公式来量化的。要把握好安全边际,必须运用底线思维——即在关注收益前,优先考虑风险,并估算可能出现的最坏情况。在充分考虑风险之后,再去设定投资策略。

|底|线|思|维|

普通人理财，安全是底线

提到"理财"，多数人的第一反应是：本金安全就是理财安全。毕竟有了前面的"1"，后面的"0"才有意义嘛。其实，这体现了一种底线思维。

我们知道，不论什么理财产品，其风险和收益大体是成正比的，即收益越高风险越大，收益低风险也低。如果追求高收益，必然要承受高风险。换一句话说，你能承受多大的风险，就去追求多高的收益，如果只想赚取高收益，却不愿意承受，或是承受不起与之对应的风险，那这种理财行为无异于"投机"。说白了，就是没有底线，毕竟，赌徒是很少有底线的。

普通人理财，要把握的第一个底线，就是"安全"。理财的目的，是为了更好地生活，即在不影响家人生活的基础上，适当追求较高的收益。美国投资学大师巴菲特说："投资成功的秘诀有三句话：第一句话是保本，第二句话是保本，第三句话还是保本。"这也是他投资成功的一个重要秘诀，其中的"保本"就体现了理财的底线思维。

一旦突破这个底线，那就是一种变相的"赌博"行为了。比如，有的人手里有10万块钱，他可以将钱存在银行吃利息，也可以用来买一些保本型的理财产品，但是他不这么做，为什么？收益率太低了，一年只赚三五个点，他不满足只有这点收益。于是，他用这笔钱炒股，或是投资一些收益率较高的理财产品。当赔钱的时候，他会想"再投入一些，可以拉低成本"，于是不断地投入，直至负债，被深度套牢。即便解套了，也舍不得出来，幻想着绝地反击。赚钱的时候，他又会想："如果投入的本钱再多点，不就赚得更多吗？"于是，他会加杠杆操作，用10万块操作100万的股票。结果，股票下跌的时候，很可能面临被平仓的风险。如不及时退场，本金都会全部赔进去。

当一个人没有底线思维，他的胆子会越来越大。为了追求一夜暴富，可能会举债加杠杆，而漠视存在的风险。反之，拥有底线思维的人，很少会财务"裸奔"的，他们敬畏风险，追求稳中求进。在理财时，后者多遵守分散、低价买入，长期持有的原则。

为了守住安全这条底线，需要拥有以下四种理财思维：

1.明确自己能接受的最大亏损

看好一个投资项目，是先了解风险，还是收益呢？大多数人会优先考虑收益。其实，这就是典型的"只见贼吃肉，没见贼挨打"的思维惯性。

对普通人来说，投资的意义是在保本的基础上，尽可能获取较高的收益。也就是在低风险的理财产品中寻找收益率相对较高的产品，而不是在高风险的理财产品中寻找高收益的产品。

比如，你手里有30万元，现在有两个理财方案可供选择：

方案A：年收益率10%，但是有可能亏掉20%的本金。

方案B：年收益率2%，但是不会损失本金。

你会选择哪种方案？

在做出选择之前，首先要考虑这样一个问题：如果选择A方案，我能接受的最大损失是多少？如果是5万元，显然20%的本金已经超过了这个数，这样的话选择放弃。如果你能接受的最大损失是10万元，则可以适当考虑买入一些。

对普通人来说，在理财时一定要事先明确可以承受的最大损失。当然了，如果你一毛钱的本金也不想损失，那就不要考虑风险相对较高的理财产品，像储蓄、货币基金等是不错的选择。如果你觉得"一年的收益率只有10%，也太低了"，与此同时，买1万块的理财产品，亏了100块的本金，却三天三夜睡不着，那就干脆不要理财了，存起来多省心。因为你赚钱没有底线，赚多少都不嫌多，但亏钱的底线却非常高，完全违背了"收益与风险对等"原则。也就是说，你追求10%以上的收益，却不想亏掉哪怕1%的本金，这种思想本身就是有问题的，说到底，还是没有底线。况且这样的理财产品也不存在，即便存在，也只有骗子可以提供——如果你买了这样的产品，恐怕亏掉的远不止1%，而很可能是所有本金。

2.用平时的闲钱理财

理财需要钱，如果钱不够的话，建议先优化自己的消费习惯，砍掉不必要的消费行为，从而将不必要的消费转化为你的资金，切不可借钱理财。要用闲钱理财。简单理解，闲钱就是金额不算多，且短期内用不到的钱。

用闲钱来投资是安全理财的一个重要方面。这些钱躺在银行卡里产生不了多少利息，用它们来理财，即便亏一些，也不会对生活造成太大影响。

如果你的底线是"不能够承担任何损失"，那还是让这笔钱老老实实地躺在银行的账户上。一旦你触碰了自己的这条"底线"，就会变得"想赢怕输"，甚至产生一种输不起的心态："打工一天赚200，结果，一天赔掉了800，等于四天白干了。"越想越觉得亏。如果想着尽快把亏损赚回来，那操作一定会变形，想少亏点都难。

3.将资金分散到多个领域

在投资时，应该将资金分散到多个理财产品或领域，以降低风险。分散投资可以通过多种方式实现，例如购买多种不同的投资产品、投资不同的市场或行业等。

把鸡蛋放在不同的篮子里，可以有效地降低风险，因为不同领域之间的市场波动和风险因素多半不同。如果将所有资金集中投资于一个领域，如股票市场，那么一旦该领域出现"黑天鹅"事件，投资可能就会遭受重大损失。而如果将资金分散投资于多个领域，就可以更好地抵御市场波动和风险，确保将损失降到最低。

另外，分散投资还可以提高投资效率。如果将所有资金集中投资于一个领域，可能会错失其他更好的投资机会，而如果将资金分散投资于多个领域，一定程度上，可以更好地抓住市场机会，提高投资回报。

4.不要盲目跟从他人

在进行投资时，应该有自己的判断和分析，不要盲目跟从他人进行投资。原因有三：首先，每个人的财务状况和风险承受能力不一样，适用别人的投资策略不一定适合自己；其次，有的人为了推销自己的产品或项目，可能会夸大收益、隐瞒风险或误导客户，如果盲目听从他们的建议，可能会造成财务损失；最后，理财需要长期的规划和专业的知识，只有自己掌握相关的知识和技能，才能做出明智的决策。

所以，理财时要保持理性思考和谨慎态度，不要盲目听信他人，要自己进行充分的调研和风险评估，做出符合自己财务状况和风险承受能力的投资决策。

任何投资都有风险。对大多数人来说，要降低投资风险，需设定合理的收益预期，不要盲目追求高收益。这是确保本金安全的基本原则，也是普通人必须遵循的一条投资底线。

|底|线|思|维|

不要想着赚认知以外的钱

在《庄子·外篇·秋水》中，有一句话："井蛙不可语于海者，拘于虚也；夏虫不可语于冰者，笃于时也。"意思是说，井底之蛙不了解大海的宽广，因为它一生只能坐井观天；夏天的虫子不知道冰为何物，因为它活不到冬天。可见，动物们的眼界会受到时间和空间的影响。其实人也是如此，我们不能理解超出自己认知范围的事物。

因为每个人的认知不一样，看到的世界不一样，所以，做同样的事情，他们的决策也不一样，相应地，成功的概率也就不一样。在投资理财这件事上，绝大多数人只能赚到自己认知范围内的钱。这说明了什么？说明财富是认知的变现。

从这个意义上说，你有什么样的认知，就赚什么样的钱，永远赚不到认知之外的钱，即便偶尔赚到，也多半是靠运气。一个人的认知和能力决定了他的思维方式和决策能力，从而决定了他的投资和交易结果。因此，在投资理财时，非常有必要为自己划出一条底线——永远不要试图去赚认知以外的钱。否则，从你起心动念那一刻起，就注定会输。

巴菲特是名副其实的资本大鳄，他的两条投资理念一直为人们所津津乐道：

第一条：要找到杰出的公司，在这家公司出现危机时买入股票。

第二条：要长期持有这家公司的股票。

听他这么一说，觉得赚钱好像很简单，没有什么难度。但问题来了：在成千上万家上市公司中，你怎么能知道哪些公司是杰出的，它又会在什么节点上出现危机呢？人云亦云，听从专家、股评师的意见，你觉得自己会赚到钱吗？说一千，道一万，还是离不开认知。你的认知跟不上，别人说什么，你都觉得"有道理"。

没有人会通过看一两本书，或是听专家讲几节课，就成为理财高手的，也没有人一直靠运气在股市赚钱。高手之所以比普通人更能把握住赚钱的机会，是因为他们在某些方面的认知更深入、更专业。在投资理财中，你只有拥有超过市场大多数人的认知，看到别人看不到的东西，做到别人做不到的事，才能赚到大多数人赚不到的财富。

所以说，提升认知是赚钱的底层逻辑——要提升自己投资理财的能力，首先要学会升级自己的认知。怎么快速提升呢？可从四个基础方面做起。

1. 学习基础知识

对于投资初学者来说，学习基础知识非常重要。比如，学习基本的金融概念，了解货币的时间价值、风险和回报之间的关系、金融市场的基本构成等，以及有关股票、基金、期货、债券和房地产等各种投资品种的基本知识，了解它们各自的特点、风险、回报等。

学习这些金融财务知识可以让你更好地管理收入和支出，看懂现金流，分清什么是资产，什么是负债，并对互联网金融等有更深入的了解，它有助于你对一些投资项目做出理性的判断。因此，一定要重视对基础知识的学习。

2. 掌握投资原理和技巧

学习基础知识之后，还要掌握投资的基本原理和技巧。其中包括市场分析、股票分析、风险评估、资产配置、分散投资等。建议多参加各种投资研讨会和课程，并实践所学习的原理和技巧。另外，可以通过模拟投资和虚拟交易等方式，在实践中不断学习、总结和提高。

3.关注市场动态

可以从多个方面获得市场动态。比如，通过财经节目、财经网站、报纸等媒体获取信息。再如，通过关注一些投资者、分析师、行业专家等的微博、微信等社交媒体账号，来了解最新的市场动态。当然，还可以参加一些行业会议和论坛等。

4.不断反思和总结

在投资理财的过程中，要及时反思和总结自己的投资经验和教训，从而不断改进和优化自己的投资策略和资产配置方案。在反思与总结时，要做好三点：

首先，要定期回顾投资组合。分析资产配置和投资决策是否仍然合适和有效。如果市场条件发生变化或者新的投资机会出现，应及时调整自己的投资组合。

其次，评估投资风险。确定现在的投资是否仍然适合自己的风险承受能力。如果市场条件发生变化或者新的风险因素出现，要及时调整自己的投资风险控制策略。

最后，记录投资决策。通过记录投资决策的过程，可以更好地理解自己的投资决策，发现自己的投资偏见和决策错误，并及时进行改进。

总之，要想成功投资理财，需长期学习并不断提高自己的认知。只有内在的思维蜕变了，外在的赚钱结果才会发生改变。

赚钱有"度"，不短视冒进

在生活中，很多人都会用手头的闲钱购买一些理财产品，防止钱在手上贬值。但是，不少人在购买理财产品时存有一种侥幸心理：投资某个项目，就是为了狠狠赚一笔，一天赚它10个点，赚够50个点就撤出来。

这样的发财梦，每天都有人在做，想想确实很美，但它实现起来容易吗？至少对普通人来说，是十分不容易的，无异于痴人说梦。

做什么事都要讲究度，赚钱更是如此。有的人赚钱的胃口一旦打开，就合不上了。炒股时，每天想着自己的股票涨停，投资某个项目，总想着获得超过市场平均收益，却唯独对风险缺少敬畏之心。如此一来，在利益的驱使下，会变得激进、冒进，一心想着赚快钱。

聪明的投资者，赔钱有底线，赚钱也有度。他们会见好就收，不会短视冒进，更不会中赚快钱的圈套。

一次，想投资的黄先生看到一个介绍投资技巧的视频。视频中，一个"导师"在介绍某个理财项目，说得头头是道。黄先生有些动心，于是私信这位"导师"。对方让他添加了一个QQ群。进群后，他发现这是一个关于学习投资的交流群。

在群里，经常有一些投资者会发自己的战报，这个说"今天赚了10个点，唉，还是买少了"，那个又说"王导师太厉害了，跟着王导操作有肉吃，看，我又赚了3000块"，而且他们会发一些收益的截图。看群里的很多人都赚到了钱，黄先生按捺不住，想跟着投资一些。

于是，他再次联系"导师"，对方说有时间可以带他玩玩新能源，并且告诉黄先生："这是当下的风口，投资我说的这个项目，未来的收益不可估量。这样吧，你按我的指令操作，我让你什么时候买你就什么时候买，让你什么时候卖你就什么时候卖"。

黄先生登录了"导师"提供的一家网站，其中的投资项目有光伏、水电、地热能等。两天后，客服人员联系他说："导师发出了买入信号，赶快买入，不要错过这一波行情哦。"黄先生按"导师"指定的项目进行了投资，第一次就充值了5万元。果然，三天后投资的项目收益大涨，他成功提现55000元。这让黄先生兴奋不已：只要本钱足够多，三五天都可以赚一辆奔驰了，怪不得有钱人赚钱那么容易，原来赚钱真的有门道。

初次尝到甜头的黄先生，在"导师"的诱导下，开始不断加大投资，先是投资10万，赚了1万后，又追加了20万，之后，又连续投了100多万。他每天做梦都想着"猜猜今天会进账多少"，然而让他没有想到的是，有一天，他再次登录该网站时，发现打不开网页了。他赶忙通过微信联系"导师"，可怎么也联系不上。"导师"像人间蒸发了一样，不见踪影。随后黄先生被踢出了QQ群。这时，他才意识到自己被骗了。

在现实中，有不少像黄先生一样的投资者，他们之所以容易上当受骗，主要是因为贪图高回报、高收益，却忽略了风险，说到底还是缺少底线思维。高收益必然意味着高风险，如果它们不对等，冒较低的风险可以获取较高的收益，甚至零风险就可以赚取高收益，其中必有猫腻。很多时候，零风险反而是最大的风险。

要获利固然需要冒一定的风险，但是，冒风险未必一定会获利，如果冒某种风险的后果是自己不曾预料的，也是无法承受的，那这样的风险宁可不冒。当然了，如果不冒一点风险就可以获得可观的收益，那也要拍拍脑门想一想：世上真有这么好的事吗，它又为什么会落在自己身上？

很多人之所以上当，就是因为只想赚，不想赔，甚至有一种变态的心理——赚钱可以不设上限，多多益善，但是让我少赚，或是赔一点是万万不可的。这样的产品去哪里找？显然，只有骗子能提供。在投资理财方面，如果一个人拥有最基本的底线思维，大概知道收益与风险的区间，及相互的关系，也不至于被骗得团团转。从这个角度看，底线思维是一种避险策略。高明的投资者在投资之前，会进行详细的分析，甚至会先把主要精力花在调查研究上，觉得确实值得投资才会去投，而不会盲目跟进，想着赚快钱，看别人买基金就跟着买基金，别人买股票就跟着买股票。

"新东方"的创始人俞敏洪做事一直坚持底线思维。他认为，一个企业必须有自己的底线和原则，这是企业生存和发展的基础。他在亚布力论坛演讲时说："东方甄选，不着急，慢慢做，允许亏损五年，每年亏损一个亿没有问题，东方甄选也没有GMV（成交金额）要求。"

作为商人，他喜欢英雄式的表达，看似爱冒险，但行动上不是。俞敏洪从创业至今，做事一直比较稳妥，即便做直播每年亏一个亿，对他来说也完全没风险，或者说，风险是在可控范围内。

为什么？

因为他会为自己设置风险底线，即让自己永远赔得起，永远不冒赔不起的风险。何为赔得起？简单来说，就是即便我的筹码都赔进去了，我也能承受，这种最坏的情况是在我的意料之中的。反之，如果我做某件事情，有可能遭受某种意想不到的损失，且这种损失是我无法承受的，那做这件事情即使再赚钱我也不干。

再来举一个生活中的例子。

你打算做短视频运营，现在有人想把一个拥有300万粉丝的账号卖给你，你要不要买？你一定会问"价钱是多少"。如果是1万块，你会毫不犹豫地买下，为什么？因为即便这个账号做不起来，这点损失你尚能承受，损失的这1万块相当于交了学费。如果对方要价100万呢？这时，你就要掂量一下风险了：能用这个账户赚100万，或200万固然好，那如果赔了呢，我能承受这么巨大的损失吗？如果承受不了，就不要想着"我也有机会赚好几百万呀"，毕竟，收益与风险是对等的。

很多聪明的商人即便是在自己最擅长的领域里，也不会干赔不起的买卖。比如，你朋友开了一家餐厅，一直都很赚钱。有一天，你找他商量："做小本生意没意思，我们一起投资一个更大的餐饮项目吧。"你看他干不干？大概率是不会干的！因为他在这个行业摸爬滚打了多年，行业的水有多深，有哪些门道，有哪些风险，诸如此类，他都了解得很清楚，他不会受利益的驱使，而轻易去冒不必要的风险。开店、炒股、加盟、创业等莫不如此。如果他要投资一个项目，一定会对其风险进行充分的评估，并做好应对风险的准备，以及相关应对方案的论证。

对普通人而言，在投资理财时，永远不要想着赚快钱，不要短视冒进，而要有长线思维。不论你持有股票还是基金，必须要清楚一点：投资是一项长期的、不间断的过程。比如，当你买入了某一只股票或者基金，最好不要频繁去操作，虽然中间可能有些波动，甚至会有一些亏损。另外，对于理财要有一份长期的规划，而不是一时的兴起，更不能将理财当作赌博。如果不会赚长线的钱，总是在投机，赚快钱，当风险来临的时候一定狼狈不堪。

用底线思维配置家庭资产

我们都知道，CPI几乎每年都在上涨，它反映了一段时期内的通货膨胀情况。提及"通货膨胀"，首先让人想到的是货币贬值。因为通货膨胀，钱放在手里会不断贬值，购买力越来越低，要避免这种情况，该怎么办？大多数人会选择投资理财。

毕竟，现在不像过去那样闭着眼买房子就可以稳赚不赔，当然，也不能因为投资的不确定性越来越大，就把所有的钱都存在银行，等着吃利息。如此，也达不到让资产保值、增值的目的。

在这种情况下，我们就需要运用底线思维来配置家庭资产，即在尽可能规避风险的同时，实现资产收益最大化。具体该怎么做呢？可以将家庭财富配置大致分为基础、保值、增值三个层次。在增值层，可以配置收益相对较高，但是风险也相对较大的进取型投资产品；中间的保值层是风险和回报较低的保本型投资产品；基础层旨在保障基本家庭生活所需的投资产品，可以忽略其收益。

1.基础层：以现金、活期存款和保险为主

在这一层，主要有现金、活期存款和保险。其中，现金主要用于应付家庭的基本生活开支，比如柴米油盐、水电燃气、人情世故开支等，以及应对一些突发情况。那应该留多少现金合适呢？通常，可留出1~3个月的生活费。平时，不要用这部分钱去追求高收益，保证它的流动性。例如，可以将其存入余额宝、微信的零钱通中，或是购买各大银行推出的可灵活买卖的低风险理财产品。

再来看活期存款。因为活期的利息很低，没必要存过多的"活期"，那存多少合适呢？最好是存足够家庭正常生活6个月的钱。其中包括一部分应急的钱，需要时马上就可以取出来。

最后是保险的配置。它是底线防御性资产配置的核心。俗话说"月有阴晴圆缺，人有旦夕祸福。"保险是保护家庭的最后一道防线。我们很难预料将来会发生什么，但是，我们可以提前做好应对准备，以防万一。所以，每个家庭都应考虑保险的配置，不管你的家庭收入如何。当然，有人说"我的收入太了低，就不买保险了"。其实，这种观念是错误的，要知道，一些意外事件，尤其是重大不幸，对一个普通家庭的打击是毁灭性的。如果家庭不宽裕，可以选择一些适合自身经济水平的保险，比如"城乡居民基本医疗保险"等。

当然，这里的保险并不是任意的保险，而是指重疾险、意外险和医疗险等，想以此获利，那是不现实的。在购买保险时，一定要注意投保的事项，避免投错保，造成损失。

总之，这一层的资产主要用于保障家庭的日常开销、衣食住行、社交娱乐等支出，也就是用来保底的，不奢望用它们赚取收益。

2.保值层：以养老保险、债券基金等为主

在这一层，资财配置以投资养老保险、子女教育发展基金，以及一些低风险债券、信托等固定收益产品为主，总额可占到家庭资产的40%左右。这些理财产品的主要特点是保本，而且可以带来长期稳定的收入。

投资这些产品，主要以跑赢通货膨胀为目的，避免资产在通货膨胀中不断贬值。不过像债券和信托基金，投资门槛都比较高，需要资金量也比较大，因此对于普通投资者来说，可以优先考虑收益和风险相对稳定的债券基金。其中，纯债基金不投资于任何股票等

高风险产品，属于纯固定收益类产品，波动小，本金安全性高，投资的门槛较低。

3.增值层：以房产、股票、指数基金等为主

如果想追求比较高的收益，可以适当购入房产、股票、基金等。这部分资产可占到家庭总资产的20%左右。当然，高收益意味着高风险。其中房产投资需要的资金量比较大，而且它的红利期已经过去，不能再像过去一样爆发式增长。股票则是公认的高收益高风险产品。如果对股票市场不太了解，不建议投资股票，如果是资深的投资者，可以适当买入一些，并通过系统的学习来降低这类投资的风险。指数基金不同于债券基金，它跟随指数涨跌。购买时会产生一定的费用，如申购费、管理费、托管费等，应尽量选择费用较低的指数基金。在配置这些产品时，必须要有"底线"，不可冒进，并适时做动态的调整，以追求合理的收益。

以上三个层次的配置比例只是一个参考，不同家庭的收入结构、年龄层次、健康预期、风险偏好等不同，在各个层次的资产配置比例上自然不同。但有一点是共同的，那就是在实现家庭财务平衡的前提下，按一定比例合理配置家庭资产，以保证资产长期、持续、稳健增长。

第十二章

情感的底线思维——双向奔赴，追求平衡

> 一段感情想要长久地维持下去，就要有底线，有原则，把握好分寸，特别是在自己的框架、边界以内，要有百分百的控制力——失去底线，往往就失去了平衡，也就失去了被喜欢的资格。

保持自我，不失去独立性

不论是亲情、友情，还是爱情，要让一段感情长久地维持下去，必须要守好一些底线。如果在自己的边界内，没有底线，便没有了对自我的控制力，如此，也就没有了对一段感情的掌控力。特别在爱情方面，有底线、有原则地去爱，才不会失去自我，才会给爱留下空间。

正如某档情感节目的主持人所说："爱不能比较，多了是债，少了是怨。爱人七分足矣，剩下三分爱自己。"也就是说，爱也有分寸，也有底线，太满了容易失去自我，同时也是对对方的束缚。有底线，不是有所保留，而是一种对彼此的保护。

在生活中，很多女性都渴望成为童话世界中的灰姑娘：希望有一天，有一位白马王子能够走进自己的生命中……这些喝着爱情神话奶水长大的女性，或许连自己都不知道，王子究竟在哪里？一直等下去，终究不是个办法。

爱情无疑是美好的，但人活着不能只为了爱情，爱情只是生命的一部分。生活中，很多人会为了爱情，放弃自我，放弃事业。特别是女性更需要思考这样一个问题：如果有一天，你的另一半不爱你了，你还有什么？

爱情也需要有底线，其中最重要的一条就是：保持自我，不失去独立性。在感情生活中能保持精神与经济独立的女性，往往也是幸福的女人。她们未必会经历轰轰烈烈的爱情，未必会嫁给一个所谓的成功的男人，但是，她们有自己的理想与追求，且过得充实而快乐。

第十二章 | 情感的底线思维——双向奔赴，追求平衡

有这样一则小故事：

一个年轻人捉住一只鸟，随后带着它去山中求见一位年老的智者。据说这位智者非常聪明，没有什么问题能难住他。如果谁能问倒他，谁就是全村最聪明的人。于是年轻人想：我将这只鸟放在背后，然后问智者"鸟是活的还是死的"，看他怎么回答。如果这位智者说是"活的"，我就将鸟掐死；如果这位智者说是死的，我就手一松，把这只鸟放生。年轻人觉得，他的这种做法可进可退，非常高明。

到了山上，见到老智者后，年轻人将鸟藏在手中，然后将手背在身后，问智者："您猜一猜我手中的鸟是活的，还是死的？"智者回答道："是活是死操控在你的手上，你不要问我，问你自己，因为那只鸟的命运是操控在你手上的。"

一个人的幸福，就像年轻人手中的那只小鸟，需要牢牢地掌握在自己的掌心，而不是握在他人手中。一个人要活得精彩，就千万不能丢失了自我。在精神与人格上独立的人，才配得上一段真挚的感情，才能活出应有的样子。

文燕30岁出头，虽然脸上不见风霜，眼睛里却写满了故事。她每天笑意满满，自信温和，不羡慕谁，也不嘲笑谁。大家都说，她活出了女人该有的样子。与很多一心想靠婚姻改变命运的女孩儿不同，她更相信，只有靠自己的奋斗才能获得更长远的幸福，她最欣赏的一句话是："女人也可以自我独立。"如今，她身价过千万，却依然在努力地打拼。

几年前，她认识了一位男友，那时，她为了让男友全身心地投入事业中，主动放弃了工作，一心照料他的生活起居。时间久了，

她因为生活开支向男友伸手要钱。一次，男友不耐烦地对她说："你除了会花钱，还会干什么？"

这句话深深刺伤了她的心。从那一刻起，她意识到：完全放弃自己的工作与事业，一味依附于他，将来真的会幸福吗？之后发生的一些事，让她对自己的未来有了新的思考：男友虽然事业小有成就，却是个控制欲极强的人，总是希望自己按照他的意愿生活，而自己又是一个很要强的女孩儿，有自己想要的生活。对她来说，钱虽然很重要，却买不来她要的幸福。于是，她果断离开了男友，搬到了月租500块的筒子楼。巨大的环境反差，让她内心难过，但是她不后悔，她决心要靠自己过上想要的生活。

从此，她开始了真正的成长——用她的话说，就是"做自己，而不是别人眼中的你"。经过三年的努力，她从身无分文，到实现财务自由，从一个普通的业务员，做到一家公司的老板，实现了华丽的转身。如今，她收获了甜蜜的爱情与婚姻，老公很爱她很体贴她，也非常支持她的事业。

德国大文豪歌德说过一句话："谁若不能主宰自己，谁就永远是一个奴隶。"这句话说得非常有道理，不论男人还是女人，只有具备独立自主的人格、独立自主的经济能力、独立自主的情绪价值，才不会沦为他人意志的附属品，才能活得越来越高级，才能活得越来越精致。

宫崎骏说："不要轻易去依赖一个人，它会成为你的习惯。当分别来临，你失去的不是一个人，而是你精神上的支柱。无论何时何地，都要学会独立行走。它会让你走得更坦然些。"

要想在情感世界中活出自己，就不能为了爱情舍弃一切，即便为爱情做出一些牺牲，也要守住应有的底线，如此才能获得尊重，才能拥抱更好的人生。

要学会及时止损

《黄帝四经·兵容》中有一句话:"当断不断,反受其乱。"感情生活也是如此。当一段感情给我们带来的悲伤多于快乐,或是它严重影响到我们的生活和工作时,一定要静下心来,深入思考这样一个问题:要不要终止,或是暂停这段感情?

在情感生活中,要学会及时止损,不要让自己在错误的关系里继续做无谓的挣扎。及时止损,避免过度消耗,是对自己的一种保护。

有很多人,当一段感情进行不下去的时候,他们内心会无比的绝望。当痛苦积聚到一定程度,便会崩溃大喊:"我是如何对你的,你怎么可以这样对我?"其实,感情是不适宜用"良心"和"付出"来衡量的。在一段感情中,如果一方玩命地付出,却换不来双向的奔赴,那就要问问自己:"在什么情况下,我才舍得放弃这段感情?"

有这样一则笑话:

有一位帅气的男孩儿,在读大学期间和一个有钱人家的女儿谈恋爱。女孩儿有些高冷,从心底里看不上他,而且她的家人也极力反对他们交往。大学毕业后,女孩儿提出了分手,男孩儿开始死缠烂打。

为了打动女孩儿,男孩儿还在她家附近租了房子,对女孩儿软磨硬泡。男孩儿一直坚信:为真爱付出是值得的。在女孩儿家附近租住了大半年,女孩儿父母想尽各种办法赶他走,但他就是赖着不走。

有一次，女孩儿请他到家里吃饭。饭桌上，女孩儿的母亲对他说："我们在城郊买了块地皮，你在那里搭个猪圈，喂几头猪，吃自家的猪肉放心。"他觉得这是女孩儿的父母在考验他。于是，他在城郊猪圈辛辛苦苦劳作了半年。一天，他又被请到女孩儿家吃饭，女孩儿的父亲告诉他，女孩儿已经办妥了出国留学手续。就在他异常惊讶时，女孩儿戳着他的额头说："你不要担心，我只是去上学，以后咱爸妈就交给你了，要照顾好爸妈，否则我和你没完。"他一听，立刻心花怒放。

又过了一段时间，女孩儿的父母要出国看望女儿，让他去机场送行。他拎着大包小包，送两个老人过了安检。回来之后，他总觉得哪里不对劲，醒悟过来后，一个人抱头痛哭起来。

原来，临行前女孩儿的父母把房子，连同猪及猪圈一同卖掉。实际上他们早已有了移民的打算。在这之前，就有人将实情告诉了他，但是他根本不信，他脑中全是对美好未来的憧憬。

故事中的男孩儿让人又好笑又可怜，但又怨得着谁呢？要怪就怪自己太过痴情，为了所谓的真爱没有及时止损，一次次失去应有的底线。最终收获的只有遗憾与痛苦。

在一段感情或关系中，当你投入了足够的时间、精力、金钱后，却发现这些付出得不到应有的"回报"，那就需要为自己划定一条明确的底线。当事情靠近这条底线时，要记得及时止损。

经济学中，有一个词叫"沉没成本"，它也可以运用在感情中。怎么理解？感情中的沉没成本，就是指那些无法用金钱衡量的、精力和情感方面的付出。沉没成本越高，得不到之后的痛苦指数就越高。这也是为什么感情破裂后，有的人一直放不下，也无法释怀的原因——他们为感情付出了太多，心有不甘。

好的感情养人，坏的感情伤人。有些人因为好的爱情而变得容光焕发，越来越好，有的人因为坏的爱情而变得死气沉沉，失去了应有的活力。因此，当一段感情不再是我们想要的，或是会给我们带来严重的精神内耗，抑或会给双方带来伤害时，一定要懂得及时止损。及时止损并不是做一个爱情的"背叛者"，而是明确即使跟对方在一起，也不会获得幸福。这样情形下的放手，是一种理性的选择。

及时止损，是情感上的"断舍离"，也是一种底线思维。在生活中，通过"断舍离"，可以让我们的生活变得更简洁。比如，不用的东西及时丢掉，避免家里变得杂乱拥挤；不穿的衣服送人或扔掉，避免堆满衣柜；没有实际价值意义的东西，不去买，省钱又省心……

那在感情中，该如何运用底线思维来及时止损，降低"沉没成本"呢？需把握好下面几个方面。

1. 金钱止损

在感情中，不论对方做什么，如果只有一个目的，就是为了消费你，那可以考虑及时止损。原因很简单，对方是冲着你的物质条件来的，只有你持续地为她（他）花钱，才能维系这段"感情"。这时，钱更像是维系彼此关系的纽带。一旦你停止了掏腰包，那这段关系也就画上了句号。面对这样的感情，必须及时止损。否则，在不断付出的过程中，不但会产生经济压力，也会给自己带来精神伤害。

2. 感情止损

当一段感情不再让你幸福，甚至可能带来伤害时，要及时采取措施以终止或减少自己的损失。在止损时，要注意这几点：首先，必须要认清现实，确认这段感情存在的问题，不要抱有侥幸心理；其次，要勇敢地面对自己的感受和决定，不要为了取悦他人而保持一段不幸福的关系；最后，要设立边界，避免与对方再有过多的接触和交流。

3.时间止损

人的一生很短，不要在一段注定没有结果的感情中浪费太多时间。当一段感情无法达到自己的期望和目标时，要学会终止或减少自己的时间投入。为此，要做好这几点：首先，要设定时间界限，明确自己愿意投入的时间和精力，让对方了解自己的底线；其次，要学会说"不"，拒绝对方的不合理要求或请求，减少自己的时间投入；最后，合理分配时间，安排好自己的生活和工作。

人生苦短，不要为了不值得的人和事无谓地付出，没有结果的感情，要懂得趁早放弃。放弃不是因为懦弱，而是一种智慧——将可能承受的风险及受到的损失降到最低。

警惕"登门槛效应"

登门槛效应,又叫"得寸进尺效应",指的是通过逐步提出微小的请求,最终让对方同意更高的要求。也就是说,当你接受了一个小的要求后,有人再向你提出一个稍高的要求,这时你接受这个要求的可能性会增加。通常,面对很难的要求时,我们更倾向于拒绝。但是,在答应了一个小的要求后,再接受稍大一点的要求会变得容易些。可见,它是一种心理战术。

美国加州心理学家曾做过这样一个实验:

他们先是就在社区立一块写有"安全驾驶"的大牌子一事,征询社区业主们的意见,就像他们预料中一样,大多数业主拒绝了这一要求。

后来,他们向社区的业主们寄出一封倡议书,希望他们能签名支持"保护加州的优美环境"的活动。只要在上面签个字,就能完成一件光荣的事。于是,几乎所有业主都签字了。

过了一段时间,实验人员希望这些签了字的业主们能够允许工作人员在社区门口立一块"安全驾驶"的公告牌。公告牌不大且美观。结果有一半的业主同意了这一要求。

又过了一段时间,实验人员再一次致信业主,希望把小公告牌换一个大点、醒目一些的大广告牌。结果有一大半的业主同意了这一请求。

为什么很多人会同意这件事呢?原因有两点:第一,签名是一件微不足道的事情，举手之劳就能为公益事业做贡献，何乐而不为。第二，因为之前已经参与了活动，被贴上了"热爱公益的好市民"的标签，再说要求也不高，为了不破坏形象，自然也就尽可能满足要求了。

通过这次实验，心理学家证实了"登门槛效应"的有效性。

"登门槛效应"常被用于营销和谈判等一些场景中。比如，一位销售员向一位客户推销产品，对方对他的产品并不感兴趣。但是，销售员一再向客户提出一些小小的要求：先是询问客户的联系方式，客户觉得这个要求并不过分，于是告诉了对方；接着，销售员又向客户提出另一个小小的要求，邀请他参加某个产品发布会，客户再次同意了他的请求，接着销售员又提出……通过逐步提出微小的请求，这名销售员最终从客户那里拿到了订单。

在情感生活中，"登门槛效应"也很常见。比如，在恋爱关系中，一方可能会提出一些小小的请求，如果另一方答应了这些请求，接下来，请求者很可能会提出新的请求，甚至让对方做出某些改变或牺牲。

有一个男生喜欢上了一个女孩。为了追求女孩，男孩运用了"登门槛效应"，逐步提高自己在对方心中的地位。

首先，男孩向对方提出借一本书。女孩很大方地将书借给了他，并没有太多在意。在还书时，男孩和女孩聊了一会儿。这是男孩第一次和对方深入交流，感到非常开心。

接下来，男孩又向女孩提出借书的要求。这次女孩子有些惊讶，因为她没想到他还会来借。但是，她还是同意了。在还书时，男孩和女孩聊了更长时间，话题也越来越深入。

逐渐地，男孩向女孩借的书越来越多，两人见面的机会也越来越频繁。久而久之，女孩对男孩产生了好感，最后两人成了男女朋友。男孩成功地运用"登门槛效应",一步步俘获了女孩的芳心,避免了直接表白可能产生的尴尬,不失为一种有效的战术。

但是,换一个角度看,在情感世界中,很多时候我们之所以守不住底线,一次次妥协、退让,一方面与底线不牢有关,另一方面,也与对方采用的"登门槛"战术不无关系。

在婚恋关系中,不能因为爱一个人,就无底线纵容对方。很多人容易在爱情里一次次失去底线,去"成全"对方。结果呢?只会让对方得寸进尺。好的感情是双向奔赴的,而不是只有一方的牺牲、付出,否则这种感情是不长久的,最终受到伤害的也必然是守不住底线的一方。所以,在情感生活中,既要巧妙地运用"登门槛效应"来升华彼此的关系,也要警惕对方采用这种效应来突破我们的底线。

不论是恋爱,还是婚姻,都像是一场自由的博弈,双方需要势均力敌。在博弈的过程中,都应有自己的底线和原则。守住自己的底线,且不去踩踏对方的底线,才能相敬如宾,共同成长。否则,一方一再失去底线,便给了对方得寸进尺的侵犯的机会。比如,你接受了他偶尔在家吸烟,那他以后很有可能经常在家里吸烟;一旦你接受了他夜深晚归,那他以后很可能夜不归宿;一旦你接受了他与别人打情骂俏,那他会觉得与别人再亲密一点也没什么不可以,等等。最后,当你的底线一再被突破,最终忍无可忍时,问题其实已经相当严重了。这时再想全身而退,几乎不太可能了。

所以,在情感世界里一定要警惕他人的"登门槛"战术。这里给出几条实用的建议。

首先,要警惕小的请求。在准备接受他人请求时,要警惕它是否是一个逐步请求的过程。所以当对方提出小的请求时,要认真考虑是否合理、是否与自己的利益相符合。

其次,拒绝不合理请求。如果对方提出的请求不合理或有些出格，可以拒绝或提出自己的看法。在拒绝时，要保持礼貌和诚实，不要让对方产生误解或失望。

再次，坚持自己的底线。在情感生活中，要坚持自己的底线和原则。如果对方提出的请求涉及自己的底线，一定要表达自己的想法和态度，不要被对方的要求所左右。

最后，要注意沟通和协商。在对方提出请求时，可以与对方进行沟通和协商，寻找双方都能接受的解决方案，但不要轻易让步。

总之，在情感生活中要对一些"登门槛"的行为保持警觉，守好自己的边界，不要一次次降低自己的底线，以避免被他人左右或利用，给自己带来伤害。